ISNM

INTERNATIONAL SERIES OF NUMERICAL MATHEMATICS
INTERNATIONALE SCHRIFTENREIHE ZUR NUMERISCHEN MATHEMATIK
SÉRIE INTERNATIONALE D'ANALYSE NUMÉRIQUE

VOL. 28

Anal.

Finite Elemente
und
Differenzenverfahren

Spezialtagung über «Finite Elemente und Differenzenverfahren»
vom 25. bis 27. September 1974
an der Technischen Universität Clausthal

Herausgegeben von J. ALBRECHT und L. COLLATZ

1975
BIRKHÄUSER VERLAG BASEL
UND STUTTGART

ISBN 3-7643-0775-7

Vorwort

Der vorliegende Band gibt hauptsächlich Vorträge wieder, die in der Zeit vom 25. bis 27. September 1974 auf einem an der Technischen Universität Clausthal abgehaltenen, von den Unterzeichneten geleiteten Kolloquium über «Finite Elemente und Differenzenverfahren» gehalten wurden.

Diese beiden Methoden sind wohl die z.Z. am meisten verwendeten numerischen Näherungsverfahren zur angenäherten Lösung von Anfangs- und Randwertaufgaben bei gewöhnlichen und partiellen, linearen und nichtlinearen Differentialgleichungen. Die im Laufe der letzten 2 bis 2½ Jahrzehnte entwickelte Methode der finiten Elemente hat wegen ihrer großen Flexibilität und Anwendbarkeit auch bei sehr komplizierten Aufgaben besonders in den Anwendungsgebieten großen Anklang gefunden, und es werden z.B. bei Problemen der Kontinuumsmechanik auf Computern Probleme mit über 10000 nichtlinearen Gleichungen numerisch bewältigt. Trotz der außerordentlichen praktischen Erfolge sind erst in neuerer Zeit von mathematischer Seite aus Versuche unternommen worden, eine strenge Fehleranalyse durchzuführen; exakte Fehlerschranken für die auf dem Computer berechneten Näherungen lassen sich z.Z. nur für relativ einfache Probleme angeben.

Einige der Vorträge berichten über derartige Möglichkeiten, deren weiterer Ausbau als wichtige Aufgabe für künftige mathematische Forschung erscheint, andere Vorträge über Weiterentwicklungen numerischer Methoden, über Konvergenzordnungen und über Vergleiche verschiedener Verfahren miteinander.

Das Ziel der Tagung war, dazu beizutragen, die z.Z. auf dem Gebiete der numerischen Behandlung von Differentialgleichungen bestehende Diskrepanz zwischen Theorie und Praxis ein wenig zu verringern.

November 1974 J. ALBRECHT L. COLLATZ

Inhaltsverzeichnis

ISNM 28 Birkhäuser Verlag, Basel und Stuttgart, 1975

ZUM MEHRSTELLENVERFAHREN BEI SYSTEMEN PARTIELLER DIFFERENTIALGLEICHUNGEN 1. ORDNUNG

von J. Albrecht in Clausthal-Zellerfeld

Das Mehrstellenverfahren [1] , das bei verschiedenen Typen gewöhnlicher und partieller Differentialgleichungen mit gutem Erfolg angewendet worden ist, soll in dieser Mitteilung von Systemen partieller Differentialgleichungen

$$u_t+u_x=f(t,x,u)$$

bzw.

$$v_t-v_x=g(t,x,v))$$

auf Systeme

$$u_t+u_x+f(u,v)=0$$

$$v_t-v_x-f(u,v)=0$$

und [2]

$$u_t+u_x+f(u,v)=0$$

$$v_t+v_y-f(u,v)=0$$

übertragen werden.

1. Es bedeute

$$u(t,x)=\begin{bmatrix} u_1(t,x) \\ u_2(t,x) \\ \cdots\cdots \\ u_n(t,x) \end{bmatrix}, \quad f(t,x;u)=\begin{bmatrix} f_1(t,x;u_1,u_2,\ldots,u_n) \\ f_2(t,x;u_1,u_2,\ldots,u_n) \\ \cdots\cdots\cdots\cdots \\ f_n(t,x;u_1,u_2,\ldots,u_n) \end{bmatrix},$$

$$Lu=u_t+u_x$$

und es liege das System partieller Differentialgleichungen 1. Ordnung

$$Lu=f(t,x;u(t,x))$$

vor. Dann gilt

$$L^r u=f^{[r]}(t,x;u(t,x)) \qquad (r=1,2,\ldots),$$

wobei

$$f^{[1]}:=f$$

$$f^{[r+1]}:=\frac{\partial f^{[r]}}{\partial t}+\frac{\partial f^{[r]}}{\partial x}+\sum_{m=1}^{n} f_m\frac{\partial f^{[r]}}{\partial u_m} \qquad (r=1,2,\ldots)$$

ist. Mit der (für beide unabhängige Veränderliche gleichen) Schrittweite h, den Gitterpunkten

(t_j,x_k), wobei $t_j=t_o+jh$, $x_k=x_o+kh$,

und den Näherungen

$$u_{jk}\approx u(t_j,x_k)$$

$$(L^q u)_{jk}:=f^{[q]}(t_j,x_k;u_{jk})\approx f^{[q]}(t_j,x_k;u(t_j,x_k)) \quad (q=1,2,\ldots,r)$$

geht dann aus der auf Funktionen von zwei unabhängigen Variablen übertragenen (s. [1]) Hermite-Formel die Mehrstellenformel

$$\left\{\sum_{q=0}^{r}(-1)^q\frac{\binom{r}{q}}{\binom{2r}{q}}\frac{h^q}{q!}L^q u\right\}_{j+1,k}=\left\{\sum_{q=0}^{r}\frac{\binom{r}{q}}{\binom{2r}{q}}\frac{h^q}{q!}L^q u\right\}_{j,k-1} \qquad (r\in N \text{ fest})$$

hervor.

Analog ergibt sich für das System

$$Mv=g(t,x;v(t,x)),$$

wobei

$$Mv=v_t-v_x \ ,$$

die Mehrstellenformel

$$\left\{\sum_{q=0}^{r} (-1)^q \frac{\binom{r}{q}}{\binom{2r}{q}} \frac{h^q}{q!} M^q v\right\}_{j+1,k} = \left\{\sum_{q=0}^{r} \frac{\binom{r}{q}}{\binom{2r}{q}} \frac{h^q}{q!} M^q v\right\}_{j,k+1} \qquad (r\in N \text{ fest}) \ .$$

2. Diese beiden Mehrstellenformeln sind - allerdings nur für r=1 (Sehnentrapezregel) - auch auf das System[1)]

$$u_t+u_x+f(u,v)=0$$

$$v_t-v_x-f(u,v)=0$$

anwendbar:

$$\left(u+\tfrac{1}{2}hf(u,v)\right)_{j+1,k} = \left(u-\tfrac{1}{2}hf(u,v)\right)_{j,k-1}$$

$$\left(v-\tfrac{1}{2}hf(u,v)\right)_{j+1,k} = \left(v+\tfrac{1}{2}hf(u,v)\right)_{j,k+1} \ .$$

Es wird also

$$(u+v)_{j+1,k} = \left(u-\tfrac{1}{2}hf(u,v)\right)_{j,k-1} + \left(v+\tfrac{1}{2}hf(u,v)\right)_{j,k+1} ,$$

so daß bei Anfangsrandwertaufgaben mit Randbedingungen der

<u>Periodizität</u> $\left.\begin{cases} u(t,x+P)\equiv u(t,x) \\ v(t,x+P)\equiv v(t,x)\end{cases}\right\}$ mit $P=n\cdot h$

und (unter der Voraussetzung $f(u,v)=0$ für $u=v$) der

<u>Reflexion</u> $\left\{\begin{array}{l} u(t,a)=v(t,a) \\ u(t,b)=v(t,b) \end{array}\right\}$ mit $b-a=n\cdot h$

das Erhaltungsgesetz

$$\frac{1}{2}(u+v)_{j+1,0} + \sum_{k=1}^{n-1} (u+v)_{j+1,k} + \frac{1}{2}(u+v)_{j+1,n}$$

$$=\frac{1}{2}(u+v)_{j,0} + \sum_{k=1}^{n-1} (u+v)_{j,k} + \frac{1}{2}(u+v)_{j,n}$$

als finites Analogon (im Sinne der Sehnentrapezregel) zu

$$\int_P (u(t,x)+v(t,x))\,dx=\text{const.} \quad \text{bzw.} \quad \int_a^b (u(t,x)+v(t,x))\,dx=\text{const.}$$

gilt.

Bemerkung: $u_{j+1,k}$ und $v_{j+1,k}$ müssen im allgemeinen iterativ berechnet werden, z. Bsp. gemäß

$$\left.\begin{array}{l} u^{(p+1)}_{j+1,k} = (u-\frac{1}{2}hf(u,v))_{j,k-1} - \frac{1}{2}hf(u^{(p)}_{j+1,k}, v^{(p)}_{j+1,k}) \\ v^{(p+1)}_{j+1,k} = (v+\frac{1}{2}hf(u,v))_{j,k+1} + \frac{1}{2}hf(u^{(p)}_{j+1,k}, v^{(p)}_{j+1,k}) \end{array}\right\} (p=0,1,2,\ldots);$$

im Spezialfall $f(u,v)=u^2-v^2$ ergibt sich mit Hilfe von $(u+v)_{j+1,k}$ direkt

$$u_{j+1,k}=\frac{(u-\frac{1}{2}h(u^2-v^2))_{j,k-1}+\frac{1}{2}h(u+v)^2_{j+1,k}}{1+h(u+v)_{j+1,k}}$$

$$v_{j+1,k}=\frac{(v+\frac{1}{2}h(u^2-v^2))_{j,k+1}+\frac{1}{2}h(u+v)^2_{j+1,k}}{1+h(u+v)_{j+1,k}} \quad .$$

3. Das System [2] (Carleman-Modell der Boltzmann-Gleichung)

$$u_t+u_x+f(u,v)=0$$

$$v_t+v_y-f(u,v)=0$$

läßt sich in gleicher Weise behandeln; so lautet z. Bsp. die Iterationsvorschrift:

$$\left.\begin{aligned} u^{(p+1)}_{j+1,k,l}&=(u-\tfrac{1}{2}hf(u,v))_{j,k-1,l}-\tfrac{1}{2}hf(u^{(p)}_{j+1,k,l},v^{(p)}_{j+1,k,l}) \\ v^{(p+1)}_{j+1,k,l}&=(v+\tfrac{1}{2}hf(u,v))_{j,k,l-1}+\tfrac{1}{2}hf(u^{(p)}_{j+1,k,l},v^{(p)}_{j+1,k,l}) \end{aligned}\right\}(p=0,1,2,\ldots).$$

Ähnliches gilt auch für das System [2]

$$\left.\begin{aligned} &u_t+u_x+f(u,v,w)=0 \\ &v_t+v_y+f(v,w,u)=0 \\ &w_t+w_z+f(w,u,v)=0 \end{aligned}\right\} \text{mit } f(u,v,w)+f(v,w,u)+f(w,u,v)=0 \quad .$$

4. Beispiel.[2)]

$$\left.\begin{aligned} &u_t-u_x+u^2-v^2=0;\ u(t,x+2)\equiv u(t,x) \\ &v_t+v_x+v^2-u^2=0;\ v(t,x+2)\equiv v(t,x) \end{aligned}\right\} t\geq 0$$

$$u(0,x)=4+\cos^2\frac{\pi}{2}x$$

$$v(0,x)=2+\cos^2\frac{\pi}{2}x \quad .$$

Mit der Schrittweite $h=2^{-n}$ berechnete Näherungswerte (t=1):

n	u(1;0)≈	u(1;0.5)≈	u(1;1)≈	u(1;1.5)≈
3	3.7569389050	3.5218208333	3.2566845230	3.4645582838
4	3.7612798773	3.5311136537	3.2534518067	3.4541668823
5	3.7624796641	3.5334497471	3.2525414316	3.4515455479
6	3.7627867399	3.5340344857	3.2523075077	3.4508888860
7	3.7628639546	3.5341807129	3.2522486332	3.4507246419

n	v(1;0)≈	v(1;0.5)≈	v(1;1)≈	v(1;1.5)≈
3	3.7426248703	3.4053674333	3.2708090801	3.5812142363
4	3.7515395460	3.4127087083	3.2633545934	3.5724160261
5	3.7538698965	3.4145107977	3.2614012915	3.5702362869
6	3.7544587774	3.4149591786	3.2609073703	3.5696926340
7	3.7546063898	3.4150711385	3.2607835421	3.5695568034

Ergebnisse der Extrapolation bezüglich der Schrittweite:

u(1;0)≈	u(1;0.5)≈	u(1;1)≈	u(1;1.5)≈
3,7628897	3,5342295	3,2522290	3,4506699

v(1;0)≈	v(1;0.5)≈	v(1;1)≈	v(1;1.5)≈
3,7546556	3,4151084	3,2607422	3,5695115

Fußnote

1) Herrn Prof. Dr. H. Neunzert, Kaiserslautern, danke ich für einige wertvolle Hinweise.

2) Herrn Dipl.-Ing. H. Weirich, Clausthal, danke ich für die gewissenhafte Bearbeitung verschiedener Beispiele.

Literatur

[1] L. Collatz, Numerische Behandlung von Differentialgleichungen, Berlin-Göttingen-Heidelberg 1951.

[2] R. Temam, Sur la résolution exacte et approchée d'un problème hyperbolique non linéaire de T. Carleman, Arch. Rat. Mech. Anal. 35 (1969) 351 - 362.

DIE LÖSUNG NICHT-LINEARER PROBLEME NACH DER METHODE DER FINITEN ELEMENTE

Argyris J.H., Dunne P.C. und Angelopoulos T.

Die nicht-lineare Bewegungsgleichung wird nach der Methode der Finiten Elemente entwickelt, indem das Problem stückweise linearisiert wird. Zur exakten Behandlung des Problems wird eine iterative Methode angegeben, welche programmtechnisch sehr wirkungsvoll ist und die Berechnung von Strukturen mit einer großen Anzahl von Freiheitsgraden ermöglicht. Die numerische Integration der Bewegungsgleichung wird durch einen Ansatz mit Hermiteschen Interpolationspolynomen durchgeführt. Dabei wird die Trägheitskraft als Funktion dritter Ordnung dargestellt. Für das lineare Problem läßt sich der Algorithmus auf beliebige Integrationsschrittweiten erweitern.

Einleitung

Die Entwicklung der Elektronischen Rechenanlagen hat einen großen Einfluß auf die Berechnungsmethoden der Technik, vor allem der Statik und Dynamik bewirkt. Die seit 1953 von J.H. Argyris aufgestellte und ständig weiterentwickelte Theorie der Finiten (endlichen) Elemente [1, 2, 3, 4, 5, 6, 7, 8, 11, 14] war in erster Linie für die hochkomplizierten Tragwerke der Luft- und Raumfahrt gedacht. Die Methode wird heute auf mehreren wissenschaftlichen Gebieten, z.B. im allgemeinen Maschinenbau und Bauwesen, angewandt, wobei das gesamte

Spektrum der Kontinuumsmechanik erfaßt wird. Die linearen Probleme sind ausführlich und mit Erfolg in den letzten fünfzehn Jahren behandelt worden. Mit der gleichen Methodik lassen sich nicht-lineare Probleme formulieren, vor allem die der Statik und Dynamik. Nicht-lineares Verhalten des Materials und/oder der Geometrie (große Verschiebungen) für ein-, zwei- und dreidimensionale Kontinua ist der Schwerpunkt der Forschung auf dem Gebiet der Statik in den letzten Jahren.

In diesem Bericht wird auf nicht-lineare Schwingungen von beliebigen Strukturen eingegangen. Die Nichtlinearität soll auf große Verschiebungen beschränkt werden. Im ersten Abschnitt wird die Methodik der nicht-linearen statischen Berechnung kurz erläutert, um die Problemstellung bei Schwingungsuntersuchungen anschaulicher zu machen. Im Abschnitt 2 wird nicht-lineare Dynamik behandelt, indem die Bewegungsgleichung stückweise linearisiert wird. Die Bewegungsgleichung wird durch numerische Integration gelöst. Dieser Weg erscheint aus rechentechnischen und aus Genauigkeitsgründen dem der Eigenwertmethode überlegen. Die Integration wird durch den Ansatz von Hermiteschen Interpolationspolynomen durchgeführt, indem die Trägheitskraft als Funktion dritter Ordnung dargestellt wird. Ohne jegliche Linearisierung wird die Bewegungsgleichung im Abschnitt 3 mit der gleichen Integrationsmethode durchgeführt; in diesem Fall jedoch auf iterativem Weg. Zur Demonstration der Genauigkeit im Vergleich zu anderen Algorithmen werden im Abschnitt 4 einige Beispiele aufgeführt. Im Anhang wird eine abgewandelte Methode zur numerischen Integration gezeigt, bei der beliebig große Schrittweiten (unconditional Stable) angegeben werden können.

1. Nicht-lineare Statik (große Verschiebungen)

In der linearen Statik werden die Gleichgewichtsbedingungen im undeformierten Körper erfüllt, d.h. der Einfluß der Verformung auf das Gleichgewicht wird vernachlässigt. Bei Strukturen jedoch, welche stark nachgiebig sind, muß die Verformung berücksichtigt werden. Mit der Methode der Finiten Elemente können wir genauso einfach wie im linearen Fall auch das nicht-lineare Verhalten von Strukturen untersuchen. Wie schon in der Einleitung erwähnt wurde, setzen wir voraus, daß die Dehnungen klein sind und ein lineares Werkstoffgesetz vorliegt. Die Theorie, große Verschieunben erfassen zu können, wurde schon 1959 [2] aufgestellt. Inzwischen ermöglicht uns die weitere Entwicklung fast alle Typen von Strukturen in ihrem nicht-linearen Verhalten zu untersuchen. Die Lösungsmethode basiert auf der sogenannten geometrischen Steifigkeit $\boldsymbol{K}_G$, die durch Betrachtungen an dem deformierbaren Körper hergeleitet wird. Die elastische Steifigkeit $\boldsymbol{K}_E$, vom linearen Problem her bekannt, hängt von den Materialkonstanten und den geometrischen Daten ab. Die geometrische Steifigkeit ist eine Funktion des vorhandenen Spannungszustandes (Elementkräfte) und der augenblicklichen Geometrie. Eine ausführliche Darstellung der Theorie finden wir in den Referenzen [2, 5, 7, 8].
Das Konzept der geometrischen Steifigkeit führt für ein Element auf die inkrementale Beziehung

$$\boldsymbol{P}_\Delta = [\boldsymbol{k}_E + \boldsymbol{k}_G]\,\boldsymbol{\rho}_\Delta \qquad (1)$$

und dabei sind

$\boldsymbol{P}_\Delta$ = inkrementale Elementkräfte

$\boldsymbol{\rho}_\Delta$ = inkrementale Elementverschiebungen

$\boldsymbol{k}_E$ = elastische Elementsteifigkeit

$\boldsymbol{k}_G$ = geometrische Elementsteifigkeit

$\boldsymbol{k}_E + \boldsymbol{k}_G$ = tangentielle Steifigkeit des Elementes.

Für das gesamte Tragwerk gilt dann

$$\boldsymbol{R}_\Delta = [\boldsymbol{K}_E + \boldsymbol{K}_G]\,\boldsymbol{r}_\Delta \qquad (2)$$

mit

R_Δ = inkrementale äussere Last

r_Δ = inkrementale Verschiebungen

K_E = elastische Steifigkeit

K_G = geometrische Steifigkeit

$K_E + K_G$ = tangentielle Steifigkeit des gesamten Tragwerks.

Die geometrische Steifigkeit für das gesamte Tragwerk erhält man mit der bekannten Boolschen Kongruenz-Transformation [3] aus den Elementsteifigkeiten wie im elastischen Fall.

Die inkrementale Berechnung (siehe Abb. 2,3) wird durchgeführt, indem die äussere Last (z.B. Schneelast) in Schritten aufgebracht wird. Mit den errechneten Verschiebungen (Auflösung der Gl. 2) ändern wir die geometrischen Daten, die mit den augenblicklichen inneren Kräften die tangentielle Steifigkeit ($K_E + K_G$) des nächsten Schrittes beeinflussen. Die rechte Seite des Gleichungssystems besteht aus den äusseren Lasten und den resultierenden Ungleichgewichtskräften der Elemente, welche während der Berechnung große Werte annehmen können (s.Abb. 3). Sobald die äussere Last aufgebracht ist, iterieren wir bis die inneren und äusseren Kräfte der Struktur im Gleichgewicht sind. Ein anderer Weg wäre bei jedem Lastinkrement zu iterieren, was erheblich mehr Rechenzeit kostet. Dies ist aber für stark nachgiebige Systeme sehr zu empfehlen. Diese Prozedur gilt für beliebige Elemente, wenn die geometrische Steifigkeit des Elementes zur Verfügung steht.

Die Konvergenz hängt in erster Linie von der Beschaffenheit der zu untersuchenden Struktur und von der Art der Belastung ab. Wenn die Struktur zu weich ist, können während der Berechnung lokale Mechanismen entstehen und die Steifigkeit ist nicht mehr positiv definit. Bei solchen Problemen kann man die Lastinkremente verkleinern und die inneren Ungleichgewichtskräfte auch inkremental berücksichtigen. Als Ergebnis erhalten wir die Verschiebungen und inneren Kräfte, jedoch auch die Aussage, ob die Struktur für diesen Lastfall stabil ist. Mit Hilfe der geometrischen Steifigkeit K_G können auch kritische Lasten [3, 10] ermittelt werden. Diese Methode wurde mit Erfolg bei der Berechnung der vorgespannten Netzwerke der Olympischen Anlagen in München [21, 22, 23] angewendet. Für die Sporthalle, dessen Netzdach mit Stabelementen idealisiert war, wurde ein nicht-lineares System von 11500 Gleichungen gelöst.

2. Nichtlineare Schwingungen

2.1 Stückweise Linearisierung der Bewegungsgleichung

Die Tangentielle Steifigkeit $K_E + K_G$ kann benutzt werden, um die Nichtlineare Bewegungsgleichung inkremental zu formulieren und dieelastischenKräfte der Struktur stückweise in Abhängigkeit von den aktuellen Verschiebungen zu erfassen. Zum Aufstellen der Bewegungsgleichung definieren wir für ein System mit n Freiheitsgraden und s -Elementen, folgende Matrizen und Vektoren:

M = Massenmatrix $(n \times n)$
(Unabhängig von den Verschiebungen)

$K_o = [K_E + K_G]_o$ = Tangentielle Steifigkeitsmatrix $(n \times n)$ zur Zeit $t = t_o$

C = Dämpfungsmatrix $(n \times n)$
(Unabhängig von den Verschiebungen)

R = Vektor der elastischen Kräfte an den Knoten $(n \times 1)$

r = Verschiebungsvektor $(n \times 1)$

$\dot{r}$ = Geschwindigkeitsvektor $(n \times 1)$

$\ddot{r}$ = Beschleunigungsvektor $(n \times 1)$

f = Vektor der Erreger-Kräfte $(n \times 1)$

Die Bewegungsgleichung für n Freiheitsgrade lautet:

$$M\ddot{r} = -R_s(r) - C\dot{r} + f(t) \tag{3}$$

Wenn wir annehmen, daß die tangentielle Steifigkeit innerhalb eines Zeitintervalls, Abb. 1, (Integrationsschritt), konstant bleibt, erhalten wir für elastische Kräfte $\mathbf{R}_s(\mathbf{r})$ zur Zeit t_1

$$\mathbf{R}_s(\mathbf{r}) = \mathbf{R}_{so} + \left[\mathbf{K}_E + \mathbf{K}_G\right]_{t=t_o} \mathbf{r}_\Delta \tag{4}$$

(Zur Vereinfachung schreiben wir $\mathbf{K}_o = \left[\mathbf{K}_E + \mathbf{K}_G\right]_{t_o}$)
Setzen wir dies in (3) ein, ergibt sich

$$\mathbf{M}\ddot{\mathbf{r}}_1 = -\mathbf{R}_{so} - \mathbf{K}_o(\mathbf{r}_1 - \mathbf{r}_o) - \mathbf{C}\dot{\mathbf{r}}_1 + \mathbf{f}(t_1) \tag{5}$$

Diese stückweise linearisierte Bewegungsgleichung verlangt bei jedem Integrationsschritt die Elastischen Kräfte $\mathbf{R}_{so}$ zu Beginn des Zeitintervalls.
Für den $i+1$ Integrationsschritt gilt

$$\mathbf{M}\ddot{\mathbf{r}}_{i+1} = -\left(\mathbf{R}_{so} + \sum_{j=1}^{i} \mathbf{K}_{j-1}(\mathbf{r}_j - \mathbf{r}_{j-1})\right) - \mathbf{K}_i(\mathbf{r}_{i+1} - \mathbf{r}_i) - \mathbf{C}\dot{\mathbf{r}}_{i+1} + \mathbf{f}(t_1) \tag{6}$$

Der Term $\quad \mathbf{R}_{so} + \sum_{j=1}^{i} \mathbf{K}_{j-1}(\mathbf{r}_j - \mathbf{r}_{j-1}) = \mathbf{R}_{si}$

ist der Vektor der elastischen Kräfte zu Beginn des $i+1$ Integrationsschrittes.

Obiger Ausdruck zeigt, daß der Vektor $\mathbf{R}_{si}$ akkumulativ während der gesamten Integrationszeit berechnet wird. Die Bewegungsgleichung kann mit allen Methoden, die auch bei linearen Problemen zum Erfolg geführt haben, numerisch integriert werden. Ergebnisse zeigen daß der Fehler der numerischen Integration kleiner ist als der der Darstellung der elastischen Kräfte im Vektor $\mathbf{R}_{si}$. Es empfiehlt sich, die Akkumulation zu vermeiden, indem man $\mathbf{R}_{si}$ direkt aus den totalen Verschiebungen berechnet was möglich ist, solange das Materialgesetz konstant ist und die Dehnungen klein sind.

2.2 Eine Modifizierte Steifigkeit zur Verbesserung der Genauigkeit

Die Lösung des Anfangswertproblems liefert bei jedem Integrationsschritt die Endwerte $\mathbf{r}_1$, $\dot{\mathbf{r}}_1$ welche mit einem Fehler behaftet sind, da nicht die gesamte Fläche $\int \mathbf{R}_S(\mathbf{r})d\mathbf{r}$, sondern nur der linear angenäherte Wert $\mathbf{K}_o \mathbf{r}_\Delta$ in die Berechnung eingeht. Bei fortlaufender Integration vergrößert sich dieser Fehler, welcher jedoch nicht mit dem der numerischen Integration verwechselt werden darf. Wenn wir nun die modifizierte Steifigkeit $\mathbf{K}_o^*$ (Abb. 4) zur Verfügung haben, wird der durch eine Linearisierung gemachte Fehler bei der Integration über die Zeit kleiner.

Für $\mathbf{K}_o^*$ machen wir folgenden Ansatz

$$\mathbf{K}_o^* = \frac{1}{2}\left[\left(\mathbf{K}_E + \mathbf{K}_G\right)_{t=t_o} + \left(\mathbf{K}_E + \mathbf{K}_G\right)_{t=t_1}\right] = \frac{1}{2}\left[\mathbf{K}_o + \mathbf{K}_1\right] \qquad (7)$$

Obige Gleichung zeigt, daß die Berechnung je Zeitintervall doppelt gemacht werden muß. Zuerst wird $\mathbf{K}_o$ entsprechend der Geometrie und den elastischen Kräften zur $t=t_o$ aufgestellt, und aus der Lösung des Anfangswertproblemes erhalten wir $\mathbf{r}_1$ als erste Näherung. Entsprechend der Geometrie von $\mathbf{r}_1$ assemblieren wir die tangentielle Steifigkeit $\mathbf{K}_1$ und bilden $\mathbf{K}_o^* = \frac{1}{2}\left[\mathbf{K}_o + \mathbf{K}_1\right]$ (s.Abb.4).

Mit $\mathbf{K}_o^*$ ermitteln wir nun die Endwerte $\mathbf{r}_1, \dot{\mathbf{r}}_1$. Diese Prozedur kann natürlich wiederholt werden; es zeigt sich aber, daß die verbesserte Genauigkeit nur durch große Rechenzeiten erreicht wird.

2.3 Numerische Integration mit Hilfe von Hermiteschen Interpolationspolynomen

Die im Abschnitt 2.1 erläuterte stückweise Linearisierung bedeutet, daß in jedem Zeitintervall die Bewegungsgleichung wie im linearen Problem gelöst werden kann. Die in diesem Abschnitt dargestellte Methode ist sehr genau, eignet sich jedoch in erster Linie um rein iterativ zu arbeiten, was noch in den nächsten Abschnitten dargestellt wird.

Wir interpolieren die Trägheitskraft $\mathbf{R} = \mathbf{M}\ddot{\mathbf{r}}$ innerhalb eines Zeitintervalls als Funktion dritter Ordnung

$$\mathbf{M}\ddot{\mathbf{r}} = \mathbf{R} = \varphi_1 \mathbf{R}_0 + \varphi_2 \mathbf{R}_0' + \varphi_3 \mathbf{R}_1 + \varphi_4 \mathbf{R}_1' \tag{8}$$

wobei die φ_i kubische Hermitesche Interpolationspolynome sind

$$\begin{aligned} \varphi_1 &= 1 - 3\zeta^2 + 2\zeta^3 \\ \varphi_2 &= \zeta - 2\zeta^2 + \zeta^3 \\ \varphi_3 &= 3\zeta^2 - 2\zeta^3 \\ \varphi_4 &= -\zeta^2 + \zeta^3 \end{aligned} \tag{9}$$

ζ ist die dimensionslose Variable $\zeta = t/\tau$ mit $\tau = t_1 - t_0$ als Integrationsschrittweite.

Für die Ableitung des Vektors $\mathbf{R}$ schreiben wir

$$\mathbf{R}' = \frac{d\mathbf{R}}{d\zeta} = \tau \frac{d\mathbf{R}}{dt} = \tau \dot{\mathbf{R}} \tag{10}$$

Wir setzen die Gleichung 9 in 8 ein, integrieren zweimal, um die Geschwindigkeit bzw. die Verschiebung zu bekommen, und erhalten

$$\dot{\mathbf{r}}_1 = \dot{\mathbf{r}}_0 + \frac{1}{12}\tau \mathbf{M}^{-1}(6\mathbf{R}_0 + \tau\dot{\mathbf{R}}_0 + 6\mathbf{R}_1 - \tau\dot{\mathbf{R}}_1) = \dot{\mathbf{r}}_0 + d\dot{\mathbf{r}} \tag{11}$$

$$\mathbf{r}_1 = \mathbf{r}_0 + \tau\dot{\mathbf{r}}_0 + \frac{1}{60}\tau^2 \mathbf{M}^{-1}(21\mathbf{R}_0 + 3\tau\dot{\mathbf{R}}_0 + 9\mathbf{R}_1 - 2\tau\dot{\mathbf{R}}_1) = \mathbf{r}_0 + d\mathbf{r} \tag{12}$$

die Beschleunigung berechnen wir einfach aus

$$\ddot{\mathbf{r}}_1 = \mathbf{M}^{-1}\mathbf{R}_1 \tag{13}$$

Die Vektoren $\mathbf{R}_1$ und $\dot{\mathbf{R}}_1$ sind noch unbekannt. Als zusätzliche Gleichungen nehmen wir die Bewegungsgleichung des Systems und ihre erste Ableitung nach der Zeit

$$\mathbf{M}\ddot{\mathbf{r}}_1 = \mathbf{R}_1 = -\mathbf{R}_{S0} - \mathbf{K}_0 d\mathbf{r} - \mathbf{C}\dot{\mathbf{r}}_1 + \mathbf{f}(t_1) \tag{14}$$

$$\mathbf{M}\dddot{\mathbf{r}} = \dot{\mathbf{R}}_1 = -\mathbf{K}_0\dot{\mathbf{r}}_1 - \mathbf{C}\ddot{\mathbf{r}}_1 + \dot{\mathbf{f}}(t_1) \tag{15}$$

Die Gleichungen 11, 12, 14, 15 führen zu einem linearen Gleichungssystem mit den Dimensionen $2n \times 2n$, welches direkt gelöst werden kann. Aus rechentechnischen Gründen (Rechenzeit und Speicherbedarf) werden die Gleichungen iterativ gelöst (siehe Flußdiagramm Fig. 6).

Als Startvektoren werden bei der Auflösung

$$\begin{aligned} \boldsymbol{R}_1 &= \boldsymbol{R}_0 + \tau \dot{\boldsymbol{R}}_0 \\ \dot{\boldsymbol{R}}_1 &= \dot{\boldsymbol{R}}_0 \end{aligned} \tag{16}$$

verwendet. Wir benötigen lediglich die einmalige Inversion der Massenmatrix ($\boldsymbol{M}$ = konstant) und der Rest besteht aus einfachen Matrix-Vektor-Operationen.

2.4 Konvergenz und Bestimmung der Integrationsschrittweite

Um die Konvergenz der Auflösung in Abhängigkeit von der Integrationsschrittweite nachweisen zu können, bilden wir die Iterationsmatrix und beweisen, daß ihr Spektralradius < 1 ist. Diese Konvergenz gilt dann nur innerhalb eines Zeitintervalls, wenn die Steifigkeit konstant angenommen wird.

Durch Kombination der Gleichungen 11, 12, 14, 15 erhalten wir die Iterationsvorschrift

$$\begin{bmatrix} \dot{\boldsymbol{R}}_1 \\ \boldsymbol{R}_1 \end{bmatrix}^{\nu+1} = \begin{bmatrix} \dot{\boldsymbol{F}}_0 \\ \boldsymbol{F}_0 \end{bmatrix} + \begin{bmatrix} \frac{\tau^2}{12}\boldsymbol{K}_0\boldsymbol{M}^{-1} & -\left(\frac{6\tau}{12}\boldsymbol{K}_0\boldsymbol{M}^{-1} + \boldsymbol{C}\boldsymbol{M}^{-1}\right) \\ \frac{2\tau^3}{60}\boldsymbol{K}_0\boldsymbol{M}^{-1} + \frac{\tau^2}{12}\boldsymbol{C}\boldsymbol{M}^{-1} & -\left(\frac{9\tau^2}{60}\boldsymbol{K}_0\boldsymbol{M}^{-1} + \frac{6\tau}{12}\boldsymbol{C}\boldsymbol{M}^{-1}\right) \end{bmatrix} \begin{bmatrix} \dot{\boldsymbol{R}} \\ \boldsymbol{R} \end{bmatrix}^{\nu} \tag{17}$$

oder

$$\boldsymbol{R}^{\nu+1} = \boldsymbol{F} + \boldsymbol{A}\boldsymbol{R}^{\nu} \tag{18}$$

mit

$$\dot{\boldsymbol{F}}_0 = -\boldsymbol{K}_0\left[\dot{\boldsymbol{r}}_0 + \frac{\tau}{12}\boldsymbol{M}^{-1}(6\boldsymbol{R}_0 + \tau\dot{\boldsymbol{R}}_0)\right] + \dot{\boldsymbol{f}}(t_1) \tag{19}$$

$$\begin{aligned} \boldsymbol{F}_0 = & -\boldsymbol{R}_{S0} - \boldsymbol{K}_0\left[\tau\dot{\boldsymbol{R}}_0 + \frac{\tau^2}{60}\boldsymbol{M}^{-1}(21\boldsymbol{R}_0 + 3\tau\dot{\boldsymbol{R}}_0)\right] \\ & - \boldsymbol{C}\left[\dot{\boldsymbol{r}}_0 + \frac{\tau}{12}\boldsymbol{M}^{-1}(6\boldsymbol{R}_0 + \tau\dot{\boldsymbol{R}}_0)\right] + \boldsymbol{f}(t_1) \end{aligned} \tag{20}$$

und die Iterationsmatrix

$$\mathbf{A} = \begin{bmatrix} \frac{\tau^2}{12}\mathbf{K}_o\mathbf{M}^{-1} & -\frac{6\tau}{12}\mathbf{K}_o\mathbf{M}^{-1} \\ \frac{2\tau^3}{60}\mathbf{K}_o\mathbf{M}^{-1} & -\frac{9\tau^2}{60}\mathbf{K}_o\mathbf{M}^{-1} \end{bmatrix} + \begin{bmatrix} 0 & -\mathbf{C}\mathbf{M}^{-1} \\ \frac{\tau^2}{12}\mathbf{C}\mathbf{M}^{-1} & -\frac{6\tau}{12}\mathbf{C}\mathbf{M}^{-1} \end{bmatrix} \tag{21}$$

Freie Schwingung Gedämpfte Schwingung

Wir vernachlässigen nun die Dämpfung und bestimmen zuerst den maximalen Wert der Iterationsmatrix für freie Schwingungen.

Die Integrationsschrittweite hängt vom maximalen Eigenwert des Produkts $\mathbf{M}^{-1}\mathbf{K}_o$ ab, d.h. die Schrittweite τ muß so bemessen sein, daß auch die kleinste Periode des Systems bei der Integration numerisch erfasst werden kann (s. Abb. 5).

Aus der Beziehung

$$\omega_{max}^2 = \lambda_{max}\left(\mathbf{M}^{-1}\mathbf{K}_o\right) \tag{22}$$

$$T_{o_{min}} = \frac{2\pi}{\omega_{max}} \tag{23}$$

bekommen wir für die Schrittweite

$$\tau = \frac{1}{N}\,\frac{T_{o_{min}}}{4} = \frac{\pi}{N\cdot 2\cdot\left(\lambda_{max}\left(\mathbf{M}^{-1}\mathbf{K}_o\right)\right)^{1/2}} \tag{24}$$

wobei N die Anzahl der Unterteilungen eines Viertels der minimalen Periode $T_{o_{min}}$ ist. Für die Iterationsmatrix $\mathbf{A}$ schreiben wir mit Hilfe des Kroneckerschen Produkts

$$\mathbf{A} = \begin{bmatrix} \frac{\tau^2}{12} & -\frac{6\tau}{12} \\ \frac{2\tau^3}{60} & -\frac{9\tau^2}{20} \end{bmatrix} \otimes \mathbf{K}_0\mathbf{M}^{-1} = \mathbf{T}\otimes\mathbf{B} \tag{25}$$

Die Eigenwerte der Matrix $\mathbf{A}$ sind (siehe Ref. 23)

$$\lambda(\mathbf{A}) = \lambda(\mathbf{T}\otimes\mathbf{B}) = \nu_i\,\mu_j \tag{26}$$

wobei ν_i die Eigenwerte von $\mathbf{T}$ und μ_j die von $\mathbf{B}$ sind

Daher

$$\lambda_{max}(\mathbf{A}) = \lambda_{max}(\mathbf{T})\, \lambda_{max}(\mathbf{K}_0 \mathbf{M}^{-1}) \tag{27}$$

für $\mathbf{T}$ rechnen wir

$$|\lambda_{max}(\mathbf{T})| = 0.06455\, \tau^2 \tag{28}$$

Wir setzen nun die Gleichungen 24, 28 in 27 und erhalten

$$\lambda_{max}(\mathbf{A}) = 0.159 \frac{1}{N^2} \tag{29}$$

d.h. für $N \geq \frac{1}{2}$ oder für $\frac{\tau}{T_{o_{min}}} < 0.503$ konvergiert die iterative Auflösung der Gleichungen 11, 12, 14, 15, s. Abb. 7.

Mit Hilfe der Gleichungen 24, 28 erhalten wir eine Beziehung für die Vorbestimmung der Integrationsschrittweite

$$\tau = \left(\frac{\lambda_{max}(\mathbf{A})}{0.06455\, \lambda_{max}(\mathbf{M}^{-1}\mathbf{K}_0)} \right)^{\frac{1}{2}} \tag{30}$$

d.h. wir berechnen den maximalen Eigenwert von $\mathbf{M}^{-1}\mathbf{K}_0$ und schreiben für $\lambda_{max}(\mathbf{A})$ einen hinreichend kleinen Wert vor (z.B. 0.1), und liegen dann im Bereich einer sehr schnellen Konvergenz (3 - 4 Iterationen).

Auf ähnliche Weise verfolgen wir den Einfluß der Dämpfung. Die Iterationsmatrix heißt

$$\mathbf{A} = \mathbf{T} \otimes \mathbf{B} + \mathbf{S} \otimes \mathbf{G} \tag{31}$$

mit

$$\mathbf{S} \otimes \mathbf{G} = \begin{bmatrix} 0 & -1 \\ \frac{2\tau^2}{12} & -\frac{6\tau}{12} \end{bmatrix} \otimes \mathbf{C}\mathbf{M}^{-1} \tag{32}$$

In diesem Fall wird der maximale Eigenwert mit Normen abgeschätzt, da eine geschlossene Form wie beim ungedämpften Problem auf recht komplizierte Ausdrücke führt. Als Norm verwenden wir die Spektralnorm, damit die obere Schranke nicht zu grob ausfällt .

Aus Gleichung 31 wird

$$\| \mathbf{A} \| \leqq \| \mathbf{T} \otimes \mathbf{B} \| + \| \mathbf{S} \otimes \mathbf{G} \| \tag{33}$$

oder

$$\left(\lambda_{max}(\mathbf{A}\mathbf{A})\right)^{\frac{1}{2}} \leqq \lambda_{max}\left((\mathbf{T}\otimes\mathbf{B})^{t}(\mathbf{T}\otimes\mathbf{B})\right)^{\frac{1}{2}} + \lambda_{max}\left((\mathbf{S}\otimes\mathbf{G})^{t}(\mathbf{S}\otimes\mathbf{G})\right)^{\frac{1}{2}} \tag{34}$$

für das Kronecker Produkt gilt noch

$$(\mathbf{L}\otimes\mathbf{D})^{t} = \mathbf{L}^{t}\otimes\mathbf{D}^{t} \tag{35}$$

$$(\mathbf{G}\otimes\mathbf{H})(\mathbf{L}\otimes\mathbf{D}) = (\mathbf{G}\mathbf{L})\otimes(\mathbf{H}\mathbf{D}) \tag{36}$$

mit Hilfe von Gleichungen 35, 36 und 101 erhalten wir

$$\lambda_{max}(\mathbf{A}^{t}\mathbf{A})^{\frac{1}{2}} \leqq \left(\lambda_{max}\left((\mathbf{T}^{t}\mathbf{T})\otimes(\mathbf{B}^{t}\mathbf{B})\right)\right)^{\frac{1}{2}} + \left(\lambda_{max}\left((\mathbf{S}^{t}\mathbf{S})\otimes(\mathbf{G}^{t}\mathbf{G})\right)\right)^{\frac{1}{2}} \tag{37}$$

Die Eigenwerte der 2 x 2 Matrix $\mathbf{S}^{t}\mathbf{S}$ lassen sich dann automatisch im Computer berechnen.

Für den Fall der proportionalen Dämpfung

$$\mathbf{C} = \alpha\mathbf{M} + \beta\mathbf{K} \tag{38}$$

erhalten wir

$$\mathbf{G}^{t}\mathbf{G} = (\alpha\mathbf{I}_{n} + \beta\mathbf{K}\mathbf{M}^{-1})^{t}(\alpha\mathbf{I}_{n} + \beta\mathbf{K}\mathbf{M}^{-1}) \tag{39}$$

Die in diesem Abschnitt erläuterte Konvergenz gilt nur innerhlab eines Zeitintervalls und nicht für die gesamte Schwingungszeit, da $\lambda_{max}(\mathbf{M}^{-1}\mathbf{K}_{o})$ nicht konstant ist. Es zeigt sich jedoch anhand eines hochgradig nichtlinearen Beispiels, daß der Wert $\lambda_{max}(\mathbf{M}^{-1}\mathbf{K}_{o})$ innerhalb einer sehr schmalen Bandbreite schwingt, so daß es normalerweise unnötig ist, die Integrationsschrittweite während der Berechnung zu verändern (s. Abschnitt 4).

2.5 Abbruchkriterium und Fehlerabschätzung innerhalb eines Zeitintervalls

Wir versuchen nun ein Maß für den Abbruch der Iteration und die daraus resultierenden Fehler für Beschleunigung, Geschwindigkeit und Verschiebung anzugeben. Offensichtlich muß der Fehler des Vektors $\dot{R}_1$ nach Abbruch der Iteration größer als der von R_1 sein. Wir nehmen daher eine Norm des Vektors $\dot{R}_1$ als Abbruchkriterium. Die Fehlerabschätzung geschieht durch Matrix $\|A\|$ - bzw. Vektor $\|X\|$ - Normen, welche zueinander kompatibel sein müssen. Die gewählte verträgliche Norm in diesem Fall ist die Euklidische Vektornorm $\|X\| = (X^t X)^{\frac{1}{2}}$ und die Spektralnorm für Matrizen $\|A\| = \lambda_{max}(A^t A)^{\frac{1}{2}}$. Nach ν Iterationen schreiben wir für die Gleichung 18 (Freie Schwingungen)

$$R = F + A(R^{\nu} + \varepsilon^{\nu}) \tag{40}$$

wobei ε^{ν} der Fehlervektor der ν-ten Iteration ist. R sei die exakte Lösung

$$\varepsilon^{\nu} = R - R^{\nu} = \{\dot{\varepsilon} \quad \varepsilon\} \tag{41}$$

dies setzen wir in Gleichung 17 ein

$$\dot{R}_1 = \left[\dot{F}_1 + \frac{\tau^2}{12} K_0 M^{-1} \dot{R}_1^{\nu} - \frac{6\tau}{12} K_0 M^{-1} R_1^{\nu}\right] + \left[\frac{\tau^2}{12} K_0 M^{-1} \dot{\varepsilon}_1^{\nu} - \frac{6\tau}{12} K_0 M^{-1} \varepsilon_1^{\nu}\right] \tag{42}$$

$$R_1 = \left[F_1 + \frac{2\tau^3}{60} K_0 M^{-1} \dot{R}_1^{\nu} - \frac{9\tau^2}{60} K_0 M^{-1} R_1^{\nu}\right] + \left[\frac{2\tau^3}{60} K_0 M^{-1} \dot{\varepsilon}_1^{\nu} - \frac{9\tau^2}{60} K_0 M^{-1} \varepsilon_1^{\nu}\right] \tag{43}$$

Durch Vergleich des Fehlers der Vektoren $\dot{R}_1$ und R_1 ergibt sich angenähert für $\tau < 1$

$$\varepsilon_1^{\nu} = -\frac{\tau}{6} \dot{\varepsilon}_{\nu} \tag{44}$$

oder in Normen

$$\|\varepsilon_1^{\nu}\| = -\frac{\tau}{6} \|\dot{\varepsilon}_1^{\nu}\| \tag{45}$$

Damit können wir bei einer geforderten Genauigkeit des Vektors $\dot{R}$ die entsprechende Genauigkeit der Vektoren $\ddot{r}_1, \dot{r}_1$ und r_1 abschätzen. Aus der

Gleichung

$$\ddot{\mathbf{r}}_1 = \mathbf{M}^{-1}\mathbf{R}_1 \tag{46}$$

berechnen wir den Fehler $\|\ddot{\mathbf{r}}_e\|$ der Beschleunigung

$$\ddot{\mathbf{r}}_1 = \ddot{\mathbf{r}}_1^{\nu} + \ddot{\mathbf{r}}_e^{\nu} = \mathbf{M}^{-1}\mathbf{R}_1^{\nu} + \mathbf{M}^{-1}\boldsymbol{\varepsilon}_1^{\nu} \tag{47}$$

$$\ddot{\mathbf{r}}_e^{\nu} = \mathbf{M}^{-1}\boldsymbol{\varepsilon}_1^{\nu} \tag{48}$$

Durch Übergang in Normen ergibt sich

$$\|\ddot{\mathbf{r}}_e^{\nu}\| \leqq \|\mathbf{M}^{-1}\|\,\|\boldsymbol{\varepsilon}_1^{\nu}\| = |-\tfrac{\tau}{6}|\,\|\mathbf{M}^{-1}\|\,\|\dot{\boldsymbol{\varepsilon}}_1^{\nu}\| \tag{49}$$

Ähnlich erhalten wir für die Geschwindigkeit aus Gleichung 11

$$\dot{\mathbf{r}} = \dot{\mathbf{r}}^{\nu} + \dot{\mathbf{r}}_e^{\nu} = \dot{\mathbf{r}}_0 + \frac{1}{12}\tau\mathbf{M}^{-1}\left(6\mathbf{R}_0 + \tau\dot{\mathbf{R}}_0 + 6\left(\mathbf{R}_1^{\nu} + \boldsymbol{\varepsilon}_1^{\nu}\right) - \tau\left(\dot{\mathbf{R}}_1^{\nu} + \dot{\boldsymbol{\varepsilon}}_1^{\nu}\right)\right) \tag{50}$$

$$\dot{\mathbf{r}}_e^{\nu} = \frac{\tau}{12}\mathbf{M}^{-1}\left(6\boldsymbol{\varepsilon}_1^{\nu} - \tau\dot{\boldsymbol{\varepsilon}}_1^{\nu}\right) \tag{51}$$

$$\|\dot{\mathbf{r}}_e^{\nu}\| \leqq \frac{\tau^2}{6}\|\mathbf{M}^{-1}\|\,\|\dot{\boldsymbol{\varepsilon}}_1^{\nu}\| \tag{52}$$

Für die Verschiebung erhalten wir

$$\mathbf{r}_1 = \mathbf{r}_0 + \tau\dot{\mathbf{r}}_0 + \frac{1}{60}\tau^2\mathbf{M}^{-1}\left(21\mathbf{R}_0 + 3\tau\dot{\mathbf{R}}_0 + 9\left(\mathbf{R}_1^{\nu} + \boldsymbol{\varepsilon}_1^{\nu}\right) - 2\tau\left(\dot{\mathbf{R}}_1^{\nu}\ \dot{\boldsymbol{\varepsilon}}_1^{\nu}\right)\right) \tag{53}$$

$$\mathbf{r}_e^{\nu} = \frac{\tau^2}{60}\mathbf{M}^{-1}\left(9\boldsymbol{\varepsilon}_1^{\nu} - 2\tau\dot{\boldsymbol{\varepsilon}}_1^{\nu}\right) \tag{54}$$

oder mit Normen

$$\|\mathbf{r}_e^{\nu}\| \leqq \frac{7\tau^3}{120}\|\mathbf{M}^{-1}\|\,\|\dot{\boldsymbol{\varepsilon}}_1^{\nu}\| \tag{55}$$

wobei das Abbruchkriterium während der Berechnung ist (s. Flußdiagramm, Abb. 6)

$$\|\dot{\mathbf{R}}_e\| = \left(\dot{\mathbf{R}}_1^{\nu+1} - \dot{\mathbf{R}}_1^{\nu}\right)^t\left(\dot{\mathbf{R}}_1^{\nu+1} - \dot{\mathbf{R}}_1^{\nu}\right)^{\frac{1}{2}} \leqq \dot{\varepsilon}_1 \tag{56}$$

Mit den Ungln. 49, 52, 55 können wir den Fehler in Abhängigkeit von der Schrittweite und der verlangten Genauigkeit $\dot{\varepsilon}_1$ abschätzen. Diese Ungleichungen werden noch im Abschnitt 4 einem Beispiel bestätigt.

Die Methode arbeitet sehr genau, und wir sehen dieses gleich an einem fiktiven Beispiel.

Für die Berechnungsdaten von $\tau = 10^{-3}$, $\| \dot{\varepsilon}_1 \| = 10^{-5}$, $\| M \| = \lambda_{max} (M^{-1}) = 10^{+2}$ ergibt sich aus den Fehlerungleichungen

$$\| \ddot{r}_e \| \leqq \frac{10^{-3}}{6} \cdot 10^{+2} \cdot 10^{-5} = 1.16\, 10^{-7}$$

$$\| \dot{r}_e \| \leqq \frac{10^{-6}}{6} \cdot 10^{+2}\, 10^{-5} = 1.66\, 10^{-10}$$

$$\| r_e \| \leqq \frac{7}{120}\, 10^{-9}\, 10^{+2}\, 10^{-5} = 5.83\, 10^{-14}$$

Diese Fehlerbetrachtung gilt nur innerhalb eines Zeitintervalls und zwar für die stückweise linearisierte Bewegungsgleichung. Für rein lineare Probleme gelten die Fehlerungleichungen im gesamten Integrationsbereich. Die dritte Ordnung Interpolation reicht somit völlig aus, denn es ist möglich, den Ansatz (s.Gl. 8) auf 5, 7 Ordnung zu erhöhen. Höhere Ansätze haben jedoch Bedeutung [32, 33] für Algorithmen, welche mit beliebigen Schrittweiten (unconditional stable) integrieren können.

2.6 Computer Implementierung

Die Methode ist sehr einfach zu programmieren, vor allem wenn die Massenmatrix diagonal ist. In Abb. 6 sehen wir ein detailliertes Flußdiagramm für die numerische Integration der stückweise linearisierten Bewegungsgleichung indem die modifizierte Steifigkeitsmatrix K_o^* verwendet wird. Es ist nicht notwendig für die Steifigkeiten K_o, K_1 getrennte Speicherplätze zu reservieren. Nachdem die Berechnung der Endwerte $\dot{r}_1, r_1$ mit K_o vollzogen ist (es reichen hierzu 2 - 3 Iterationen), wird die Geometrie der Struktur entsprechend der Verschiebungen korrigiert und die modifizierte Steifigkeit ergibt sich aus K_o und K_1, wobei die letzte Elementweise auf die erste akkumuliert wird

$$K_o^* = \frac{1}{2} K_o + \sum_{g=1}^{S} \frac{1}{2}\, a_g^t \, (k_E + k_G)_g \, a_g \tag{57}$$

Für die weitere Iteration mit K_o^* verwenden wir als Startvektoren die verhandenen

$\dot{R}_1$, R_1, welche noch aus der ersten Berechnung mit K_o zu Verfügung stehen. Die iterative Lösung des Systems kann auch durch die direkte Auflösung eines $2n \times 2n$ Systems ersetzt werden. Die Gleichung 17 ist dann

$$\begin{bmatrix} I - \frac{\tau^2}{12} K_o M^{-1} & \frac{6\tau}{12} K_o M^{-1} + C M^{-1} \\ -\frac{2\tau^3}{60} K_o M^{-1} - \frac{\tau^2}{12} C M^{-1} & I + \frac{9\tau^2}{60} K_o M^{-1} + \frac{6\tau}{12} C M^{-1} \end{bmatrix} \begin{bmatrix} \dot{R}_1 \\ R_1 \end{bmatrix} = \begin{bmatrix} \dot{F}_o \\ F_o \end{bmatrix} \tag{58}$$

Die Auflösung des obigen Systems gibt uns die gesuchten Vektoren $\dot{R}_1$, R_1, und somit können wir aus den Gleichungen 11, 12 die Geschwindigkeit und die Verschiebung am Ende des Intervalls berechnen. Das Gleichungssystem ist jedoch unsymmetrisch und daher zum Arbeiten in einer Rechenanlage ungeeignet. Ein Auflösung in Untermatrizen bringt keine Vorteile, da komplizierte Matrixausdrücke enstehen. Das wichtigste Argument für die iterative Auflösung ist die benötigte Anzahl von Rechenoperationen. Die iterative Lösung ist ab einer bestimmten Anzahl von Unbekannten, schneller alsdirekte Auflösung auch wenn wir sie mit dem Cholesky-Verfahren für ein symmetrisches Gleichungssystem mit n-Gleichungen vergleichen. (S. Arbeiten über lineare und nichtlineare Schwingungen von Wilson, Farhooman, Bathe, Clough, [24, 25, 29, 30, 31].)

Für ungedämpfte Schwingungen gilt schematisch

$$\begin{bmatrix} \dot{R}_1 \\ R_1 \end{bmatrix}^{\nu+1} = \begin{bmatrix} \dot{F}_o \\ F_o \end{bmatrix} + \begin{bmatrix} \alpha K_o M^{-1} & \beta K_o M^{-1} \\ \gamma K_o M^{-1} & \delta K_o M^{-1} \end{bmatrix} \begin{bmatrix} \dot{R}_1 \\ R_1 \end{bmatrix}^{\nu} \tag{59}$$

Der Berechnungsablauf für einen Iterationsschritt läßt sich mit der Abb. 8 optimal programmieren, wobei $8n^2 + 10n$ Operationen (Additionen + Multiplikationen) notwendig sind. Die gesamte Anzahl der Operationen für einen Integrationsschritt beträgt

$$N_{op} = I \times (8n^2 + 10n) \tag{60}$$

I ist die Anzahl der Iterationen. Um ein symmetrisches $n \times n$ lin. Gleichungssystem nach Cholesky aufzulösen benötigen wir etwa

$$N_{op} \approx \frac{1}{3} n^3 + \frac{5}{2} n^2 + \frac{4}{3} n \tag{61}$$

Operationen. Abb. 9 zeigt die Bereiche für welche die iterative Lösung günstig ist. Die Erregungsfunktionen können beliebig sein und werden (entsprechend der Freiheitsgraden der Knoten, wo die Erregung angreift), durch die Vektoren $\mathbf{f}(t), \dot{\mathbf{f}}(t)$ der Berechnung zugeführt. Auf ähnliche Weise können wir auch Erdbeben [32] simulieren.

3. Iterative Lösung der Bewegungsgleichung ohne Linearisierung

Die in Abschnitt 2 erläuterte Methode kann benützt werden, um die nichtlineare Bewegungsgleichung ohne jegliche Linearisierung iterativ zu lösen. Die dort angegebene Iteration dient nur zur Auflösung des innerhalbs einer Schrittweite linearisierten Systems. Wenn wir die Bewegungsgleichung und ihre erste Ableitung in der Zeit betrachten

$$\mathbf{M}\ddot{\mathbf{r}} = \mathbf{R} = -\mathbf{R}_s(\mathbf{r}) - \mathbf{C}\dot{\mathbf{r}} + \mathbf{f}(t) \tag{62}$$

$$\mathbf{M}\dddot{\mathbf{r}} = \dot{\mathbf{R}} = -\dot{\mathbf{R}}_s(\mathbf{r}) - \mathbf{C}\ddot{\mathbf{r}} + \dot{\mathbf{f}}(t) \tag{63}$$

sehen wir, daß die Nichtlinearität nur in den elastischen Kräften $\mathbf{R}_s(\mathbf{r})$ vorkommt. Die Dämpfungsmatrix $\mathbf{C}$ ist konstant und die äusseren Kräfte $\mathbf{f}(t)$ (Erreungsfunktionen) sind bekannt. Wir schreiben nun folgende Iteration:

$$\dot{\mathbf{r}}_1 = \dot{\mathbf{r}}_0 + \frac{\tau}{12} \mathbf{M}^{-1} (6\mathbf{R}(\mathbf{r}_0) + \tau\dot{\mathbf{R}}(\mathbf{r}_0) + 6\mathbf{R}(\mathbf{r}_1) - \tau\dot{\mathbf{R}}(\mathbf{r}_1)) \tag{64}$$

$$\mathbf{r}_1 = \mathbf{r}_0 + \tau\dot{\mathbf{r}}_0 + \frac{\tau^2}{60} \mathbf{M}^{-1} (21\mathbf{R}(\mathbf{r}_0) + 3\tau\dot{\mathbf{R}}(\mathbf{r}_0) + 9\mathbf{R}(\mathbf{r}_1) - 2\tau\dot{\mathbf{R}}(\mathbf{r}_1)) \tag{65}$$

$$\mathbf{R}(\mathbf{r}_1) = -\boldsymbol{a}^t \mathbf{P}(\mathbf{r}_1) - \mathbf{C}\dot{\mathbf{r}}_1 + \mathbf{f}(t_1) \tag{66}$$

$$\dot{\mathbf{R}}(\mathbf{r}_1) = -\boldsymbol{a}^t \dot{\mathbf{P}}(\mathbf{r}_1) - \mathbf{C}\ddot{\mathbf{r}}_1 + \dot{\mathbf{f}}(t_1) \tag{67}$$

Der Vektor $\boldsymbol{P}$ in Gl. 66 enthält die Elementkräfte (knotenweise) und $\boldsymbol{a}$ ist ein Boolescher Operator [3], der die Elementkräfte entsprechend der Numerierung der Freiheitsgrade in einen Vektor der Länge n akkumuliert. Wir schreiben somit

$$\boldsymbol{R}_S(\boldsymbol{r}_1) = \boldsymbol{a}^t \boldsymbol{P}(\boldsymbol{r}_1) \tag{68}$$

$$\dot{\boldsymbol{R}}_S(\boldsymbol{r}_1) = \boldsymbol{a}^t \dot{\boldsymbol{P}}(\boldsymbol{r}_1) \tag{69}$$

Wenn nun die Elementkräfte einschließlich nichtlinearer Glieder in der Vektorform $\boldsymbol{P}$ vorliegen, können wir die Iteration (Gln. 64 bis 67) benutzen, um totale Verschiebungen und keine Inkremente zu ermitteln. Die Vektoren $\boldsymbol{R}_o$, $\dot{\boldsymbol{R}}_o$ sind als Anfangswerte bekannt. Zur Verdeutlichung wenden wir die Gln. 68, 69 auf das einfach Stabelement an. Die Lage des g-ten Stabelementes im Raum wird durch die Koordinaten seiner Knoten bestimmt

$$\boldsymbol{X}_g = \{\boldsymbol{X}_1 \ \boldsymbol{X}_2\}_g = \{x_1 \ y_1 \ z_1 \ x_2 \ y_2 \ z_2\}_g \tag{70}$$

seine Länge im belasteten Zustand ist

$$\ell_g = \left((\boldsymbol{X}_2 - \boldsymbol{X}_1)^t (\boldsymbol{X}_2 - \boldsymbol{X}_1)\right)_g^{\frac{1}{2}} \tag{71}$$

Der Einheitsvektor in Stabrichtung ist

$$\boldsymbol{C}_g = \frac{1}{\ell_g} (\boldsymbol{X}_2 - \boldsymbol{X}_1)_g = \{c_x \ c_y \ c_z\} \tag{72}$$

Für die Elementverschiebungen und -kräfte schreiben wir

$$\boldsymbol{\rho}_g = \{\boldsymbol{\rho}_1 \ \boldsymbol{\rho}_2\}_g = \{u_1 \ v_1 \ w_1 \ u_2 \ v_2 \ w_2\}_g \tag{73}$$

$$\boldsymbol{P}_g = \{\boldsymbol{P}_1 \ \boldsymbol{P}_2\}_g = \{U_1 \ V_1 \ W_1 \ U_2 \ V_2 \ W_2\}_g \tag{74}$$

oder für die Elementkräfte

$$P_g = P_{N_g} \{ c_x \;\; c_y \;\; c_z \;\; -c_x \;\; -c_y \;\; -c_z \} \tag{75}$$

mit

$$P_{N_g} = \frac{E_g \times A_g}{\ell_{\phi g}} (\ell - \ell_\phi)_g \tag{76}$$

wobei A_g die Querschnittfläche und $\ell_{\phi g}$ die Länge des Stabes in unbelastetem Zustand sind. Aus der Gl. (75) können wir für beliebig große Verschiebungen die Elementkräfte berechnen und durch Differentiation erhalten wir $\dot{P}_g$

Für das gesamte Tragwerk mit S-Stabelementen schreiben wir für die Elementkräfte

$$P = \{ P_1 \;\; P_2 \; \cdots \; P_g \; \cdots \; P_s \} \tag{77}$$

und für den Booleschen Operator

$$a = \{ a_1 \;\; a_2 \; \cdots \; a_g \; \cdots \; a_s \} \tag{78}$$

Die Gln. 68, 69 bzw. 66, 67 lassen sich damit sehr leicht im Computer berechnen. Diese Formulierung gilt für beliebige Elemente, der Vektor P_g muß alle wichtigen nichtlinearen Anteile enthalten. Für Elemente, deren geometrische Steifigkeit bekannt ist, können wir die Gl. 69 ersetzen durch

$$\dot{R}_S = \frac{\partial R}{\partial r} \frac{dr}{dt} = [K_{E(r)} + K_{G(r)}] \dot{r} \tag{79}$$

Diese iterative Lösung mit Anwendung der totalen Verschiebungen liefert die besten Ergebnisse, wie in Abschnitt 4 anhand von Beispielen gezeigt wird. Ein zusätzlicher Vorteil von großer Bedeutung ist die Berechnung der Gln. 66, 67 (oder 79) elementweise, d.h. ohne die sehr lange Vektoren P und $\dot{P}$ separat aufzustellen oder in Gl. 79 die Matrix $K_E + K_G$ zu assemblieren und dann die Multiplikation mit $\dot{r}$ durchzuführen.

Für elementweise Operationen der Gln. 68, 69, 79, schreiben wir folgende Anweisungen für den Computer

$$R_S \Leftarrow R_S + a^t P \qquad (80)$$

$$\dot{R}_S \Leftarrow \dot{R}_S + a^t P \qquad (81)$$

$$\dot{R}_S \Leftarrow \dot{R}_S + \overset{t}{a}_g \left(k_{E(r)} + k_{G(r)} \right)_g a_g \, \dot{r} \qquad (82)$$

für $g = 1 \ldots S$

Hiermit lassen sich sehr große Probleme im zentralen Speicher der Rechenanlage verwalten. Mit einem herkömmlichen Zentralspeicher von 64 K können wir Probleme bis zu 3000 Freiheitsgrade analysieren, mit der Bedingung, daß die Massen- und Dämpfungsmatrix in diagonaler Form vorliegen. Ein Flußdiagramm der iterativen Lösung sehen wir in Abb. 10. Es sei noch bemerkt, daß der Boolesche Operator in einem Rechenprogramm durch Entsprechende Zuordnungslisten

4. Numerische Beispiele

Die erläuterte Methode in den vorangegangenen Abschnitten wurde getestet und mit anderen Methoden [24, 28, 29, 30] verglichen.

4.1. System mit einem Freiheitsgrad

Das System besteht aus einer gewichtlosen Masse, welche horizontal von zwei vorgespannten Stäben (P_{N_o} = Vorspannkraft) gehalten wird. Die Bewegungsgleichung bei vertikaler Bewegung ist nichtlinear.

$$m\ddot{r} + c\dot{r} + R_S = f(t) \qquad (83)$$

mit

$$R_S = 2 P_{N_o} \frac{r}{\sqrt{\ell^2 + r^2}} + 2EA \frac{r}{\ell} \left(1 - \frac{\ell}{\sqrt{\ell^2 + r^2}}\right) \qquad (84)$$

EA = Elastizitätsmodul $\times$ Fläche

und C = Dämpfungskonstante.

Die Integrationsschrittweite τ wird als Unterteilung einer Viertelperiode verstanden, d.h. $\tau = \frac{1}{N} \cdot \frac{T_o}{4}$ In der Abb. 11 zeigt die iterative Lösung, die mit totalen

Verschiebungen durchgeführt wurde (Kurve: F.E. in Time D.E.), im Vergleich mit Wilson [24, 29, 30] und der Runge-Kutta Methode die besten Ergebnisse.

4.2. Ebenes vorgespanntes Netz

Die Daten für dieses extrem nichtlineare Beispiel entnehmen wir aus der Abb. 12. Der gesamte Rand des Netzes ist frei, außer den vier Ecken, die mit Auflager versehen sind. Die gezeigte Kurve $\mathbf{R}(\mathbf{r})$, d.h. Kraft (Verschiebung), des Knoten A wurde nach der inkrementalen iterativen Methode (s. Abschnitt 1) berechnet und aufgezeichnet. Sie zeigt uns, daß dieses Netz hochgradig nichtlinear ist. Das Netz wird senkrecht zu seiner Ebene mit großen Kräften belastet, um ausreichend große Verschiebungen erzeugen zu können und zum Schwingen frei gelassen. In den Abbn. 13, 14, ist die Verschiebung des Knoten A über der Zeit aufgetragen. Zur Beurteilung der Ergebnisse wird die Rechnung mit den kleineren Schrittweiten herangezogen. Auch hier ist die iterative Lösung genauer, wenn man die Ergebnisse mit der Schrittweite $\tau = 0.0005$ vergleicht. In Abb. 15 ist der max. Eigenwert der Iterationsmatrix $\mathbf{A}$ über die Zeit aufgetragen. Es zeigt sich, daß er nur zwischen einer sehr schmalen Bandbreite schwingt, so daß die Anzahl der Iterationen nicht beeinflußt wird. In Abb. 16 werden die Ungleichungen 49, 52, 55 zur Fehlerabschätzung innerhalb eines Zeitintervalls für die $\mathbf{K}_o^*$- Methode bestätigt. Die erste Spalte ($\dot{\varepsilon}_1$) zeigt das verlangte Abbruchkriterium, die zweite das Residuum zwischen den zwei letzten Iterationen. Die restlichen Spalten enthalten jeweils für die Geschwindigkeitsbeschleunigung und Verschiebung links das Ergebnis aus der entsprechenden Ungleichung und rechts das wirkliche Residuum der Berechnung.

4.3. Abgespannter Funkmast

Der in Abb. 17 gezeigte Funkmast [26] wird mit der $\mathbf{K}_o^*$ -Methode auf sein Schwingungsverhalten untersucht. Die Struktur besteht aus 737 Elementen und 549 Unbekannten. Die Abb. 18 zeigt das Verhalten der Struktur unter Windlast, die sinusförmig über der Zeit angreift. Abb. 19 zeigt das Verhalten des Mastes bei Erdbeben [31] .

4.4. Vorgespanntes Netzdach (Olympiadach München).

Das Netz in Abb. 20 ist mit einer Maschenweite von 6 m (originale Maschenweite 0.75 m) idealisiert worden. Es sind hier 1164 Freiheitsgrade zu integrieren. Die Berechnung (asymmetrische Windlast) wurde mit der K_o^* - Methode und der iterativen Methode (elementweise Operationen) durchgeführt. Die Ergebnisse in Abb. 21 weichen kaum voneinander ab, da die Verschiebungen nicht sehr groß sind. Die iterative Methode ist jedoch um 25 % schneller und benötigt 29000 Speicherplätze. Die K_o^* -Methode benötigt 87000 Speicherplätze, wobei für die Speicherung der k_o^* -Matrix unter Ausnützung der Bandbreite 58000 Speicherplätze notwendig sind.

ANHANG

Numerische Integration mit großen Schrittweiten

(Lineare Schwingungen)

Der im Abschnitt 2 entwickelte Algorithmus für die Integration der Bewegungsgleichung benötigt eine Schrittweite τ , die kleiner sein muß als die Hälfte der minimalen Periode der Struktur. In der Praxis jedoch ist diese untere Grenze der Schrittweite von großem Nachteil. In den meisten Fällen interessiert das Schwingungsverhalten in den großen Schwingungsperioden (fundamental modes), welche z.B. 4 sec. lang sein können. In so einem Falle kann die minimale Schwingungsdauer in der Größenordnung 10^{-4} sec. liegen und notwendigerweise auch die Integrationsschrittweite. Für den Fall, daß wir das Schwingungsverhalten für eine bestimmte Erregung 20 sec. lang simulieren wollen und angenommen, daß die Struktur mit 300 Freiheitsgrade idealisiert ist, ergeben sich sehr große Rechenzeiten. Aus Gründen der numerischen Stabilität berücksichtigen wir bei der Berechnung auch hochfrequente Freiheitsgrade, welche kaum Bedeutung für praktische Probleme haben, es sei denn, wir simulieren die Fortpflanzung von schockartigen Wellen (Impulsprobleme) im Körper [32, 34, 35].

In den letzten Jahren sind Algorithmen entwickelt worden [24, 25, 28, 29, 30, 31, 32, 33, 34], welche für sehr große Schrittweiten stabil bleiben und annehmbare Ergebnisse liefern. Eine interessante Diskussion über Stabilität und Genauigkeit von solchen Algorithmen - im Englischen: unconditional stable - finden wir bei Goudreau und Taylor [28] . Die im Abschnitt 2 entwickelte 3. Ordnungsmethode - conditional stable - können wir so modifizieren, daß sie für sehr große Schrittweiten stabil bleibt. Eine ausführliche Darstellung finden wir in den Referenzen [32, 33]. Wir verfolgen hier lediglich die Problematik und zeigen hierzu einige Beispiele. Die Ordnung der Interpolation spielt bei der Anwendung großer Schrittweiten eine sehr große Rolle. Durch die Stabilitätsforderung leidet die Genauigkeit, vor allem unter einer Vergrößerung der Perioden im gesamten Schwingungssystem.

Der modifizierte Algorithmus

Für ein einfaches System mit einem Freiheitsgrad können die Gln. 78, 79 in folgender linearer Form geschrieben werden:

$$\begin{bmatrix} r_1 \\ \dot{r}_1 \end{bmatrix} = \mathbf{A} \begin{bmatrix} r_0 \\ \dot{r}_0 \end{bmatrix} + \begin{bmatrix} L_r \\ L_{\dot{r}} \end{bmatrix} \tag{85}$$

mit

$$\mathbf{A} = \begin{bmatrix} \dfrac{1 - \frac{13}{30}\omega^2\tau^2 + \frac{1}{80}\omega^4\tau^4}{\left(1 + \frac{1}{15}\omega^2\tau^2 + \frac{1}{240}\omega^4\tau^4\right)} & \dfrac{\tau\left(1 - \frac{1}{10}\omega^2\tau^2 + \frac{1}{720}\omega^4\tau^4\right)}{\left(1 + \frac{1}{15}\omega^2\tau^2 + \frac{1}{240}\omega^4\tau^4\right)} \\[2ex] \dfrac{-\omega^2\tau\left(1 - \frac{1}{10}\omega^2\tau^2\right)}{1\left(1 + \frac{1}{15}\omega^2\tau^2 + \frac{1}{240}\omega^4\tau^4\right)} & \dfrac{1 - \frac{13}{30}\omega^2\tau^2 + \frac{1}{80}\omega^4\tau^4}{\left(1 + \frac{1}{15}\omega^2\tau^2 + \frac{1}{240}\omega^4\tau^4\right)} \end{bmatrix} \tag{86}$$

wobei L_r und $L_{\dot{r}}$ "Lastglieder" sind, die aus bekannten Anfangswerten und Erregungsfunktionen bestehen. Der Betrag der Eigenwerte der Matrix **A** ist gleich 1 wenn $\omega^2\tau^2 < 10$ und dies entspricht $\frac{\tau}{T_0} < 0.503$, wobei T_0 die Periode des Schwingens ist. Für kleine $\omega\tau$ kann die Matrix A geschrieben werden.

$$\mathbf{A} \approx \begin{bmatrix} \left(\cos\omega\tau + \dfrac{\omega^6\tau^6}{1440}\right) & \dfrac{1}{\omega}\left(\sin\omega t + \dfrac{17}{50400}\omega^7\tau^7\right) \\[2ex] -\omega\left(\sin\omega t - \dfrac{\omega^5\tau^5}{720}\right) & \left(\cos\omega\tau + \dfrac{\omega^6\tau^6}{1440}\right) \end{bmatrix} \tag{87}$$

oder

$$\mathbf{A} \approx \mathbf{A}_o + \mathbf{A}_e \tag{88}$$

$\mathbf{A}_o$ ist der exakte Schwingungsoperator und $\mathbf{A}_e$ die Fehlermatrix.

Die modifizierte **A**-Matrix der Gl. 86 für die Anwendung von großen Schrittweiten heißt:

$$\mathbf{A} = \frac{1}{1+\frac{\omega^2\tau^2}{12}+\frac{\omega^4\tau^4}{144}} \begin{bmatrix} 1-\frac{5\omega^2\tau^2}{12}+\frac{\omega^4\tau^4}{144} & \tau\left(1-\frac{\omega^2\tau^2}{12}\right) \\ -\omega^2\tau\left(1-\frac{\omega^2\tau^2}{12}\right) & 1-\frac{5\omega^2\tau^2}{12}+\frac{\omega^4\tau^4}{144} \end{bmatrix} \tag{89}$$

die entsprechende Fehlermatrix ist

$$\mathbf{A}_e = \begin{bmatrix} \omega^6\tau^6 & -\omega^4\tau^5 \\ \omega^6\tau^5 & \omega^6\tau^6 \end{bmatrix} \tag{90}$$

Die Gln. 78, 79 für den modifizierten Algorithmus heißen

$$\mathbf{r}_1 = \mathbf{r}_o + \tau\dot{\mathbf{r}}_o + \frac{\tau^2}{60}\mathbf{M}^{-1}\left(20\,\mathbf{R}_o + \frac{5}{2}\tau\dot{\mathbf{R}}_o + 10\,\mathbf{R}_1 - \frac{5}{2}\tau\dot{\mathbf{R}}_1\right) \tag{91}$$

$$\dot{\mathbf{r}}_1 = \dot{\mathbf{r}}_o + \frac{\tau}{12}\mathbf{M}^{-1}\left(6\,\mathbf{R}_o + \tau\dot{\mathbf{R}}_o + 6\,\mathbf{R}_1 - \tau\dot{\mathbf{R}}_1\right) \tag{92}$$

Die Konstanten der Matrix A, Gl. 86, damit für große $\omega\tau$ der Betrag der Eigenwerte gleich 1 ist, bestimmen wir nach [32, 33]. In Ref. [33] sind die Konstanten für Ansätze 3,5 und 7. Ordnung ermittelt worden (s. Abbn. 27, 28). Ein Maß für die Qualität der Methode für die Anwendung der großen Schrittweiten ist die Vergrößerung der Perioden. In Abb. 24 ist die prozentuale Vergrößerung der Periode im Verhältnis τ/T_o aufgetragen.

Für n Freiheitsgrade kann das Anfangswertproblem auf folgende einfache Form gebracht werden.

$$r_1 = D_1^{-1} D_0 r_0 + D_1^{-1} F \qquad (93)$$

D_1, D_0 sind $2n \times 2n$ Matrizen, die einmalig zu Beginn der Berechnung aufgestellt werden. r_1, r_0 sind Vektoren von einer Länge von $2n$ und bedeuten die Endwerte $\{r_1 \; \dot{r}_1\}$ bzw. Anfangswerte $\{r_0 \; \dot{r}_0\}$ und schließlich der $2n$ lange Vektor F beinhaltet bekannte Größen der Erregerfunktionen und ihrer Ableitungen nach der Zeit. Die Größe der Matrizen $2n \times 2n$ ist unabhängig von der Ordnung der Interpolation.

In den Abbn. 22, 23, ist der Aufbau der Matrizen D_0, D_1 und des Vektors F für die Interpolationen 1., 3. und 5. Ordnung. Der Rechenprozeß ist sehr schnell, da nach einmaliger Bildung der Matrizen D_0, D_1^{-1} für freie oder gedämpfte Schwingungen je Schritt nur eine Matrix-Vektor-Multiplikation notwendig ist. Lediglich der Vektor F muß bei erregten Schwingungen je Schritt neu berechnet werden. Mit dieser Integrationsmethode lassen sich sehr lange Schwingungszeiten simulieren. Die Größe der Matrizen ist der einzige Nachteil. Dieser wird jedoch durch die sehr großen Schrittweiten wieder aufgewogen. Man kann hier ohne weiteres Massenspeicher verwenden, ohne daß die Rechenzeiten zu lang werden. In den Abbildungen 25, 26, 29, sehen wir Beispiele, wo jeweils der relative Fehler der Methode der großen Schrittweiten über dem Verhältnis $\tau / T_{o_{min}}$ aufgetragen ist. Das Beispiel der Abb. 26 (fest eingespannte Platte) wird auch mit den Ergebnissen der Eigenwertmethode verglichen, indem durch dynamische Kondensation die Anzahl der mitgenommenen Eigenwerte variiert. Die Methode von Wilson [25] erweist sich als äußerst fehlerhaft. Ein extremes Beispiel sehen wir in der Abb. 29, wo ein mit 40 Elementen idealisierter Stab durch eine mit Resonanzfrequenz schwingende Kraft belastet, schon mit einer Schrittweite von $\frac{1}{2} T_{o_{max}}$ (äußerste Grenze!) bei der 5. Ordnungsinterpolation brauchbare Ergebnisse liefert. In Abb. 30 sind die Kräfte des Elementes Nr. 1 aufgelistet (feste Einspannung in Abb. 29) nach 10 Zyklen Resonanzbelastung zum Vergleich mit der exakten Lösung die 20000 Newton beträgt.

[1] Argyris, J.H.: Energy Theorems and Structural Analysis, Aircraft Engineering 26 (1954) S. 347-356, 383-387, 394; 27 (1955) S. 42-58, 80-94, 125-134, 145-158.
In Buchform: London 1960, Butterworths, 5. Auflage New York 1973, Plenum Press.

[2] Argyris, J.H.: Recent Developments of Matrix Theory of Structures, Paper presented at the 10th Meeting of the Structures and Materials Panel, AGARD, Aachen, September 1959.
(nicht veröffentlich aber in 3 enthalten)

[3] Argyris, J.H.: Recent Advances in Matrix Methods of Structural Analysis. Progress in Aeronautical Sciences, Vol. 4. London 1964. Pergamon.

[4] Argyris, J.H.: Die Matrizentheorie der Statik. Ing.Arch.25 (1957) S. 174-192.

[5] Argyris, J.H.: Continua and Discontinua. Proc. Ist Conf.Matrix Methods Struct. Mech., Wright-Patterson Air Force Base, Ohio 1965.

[6] Argyris, J.H.: Three-dimensional Anisotropic and Inhomogeneous Elastic Media, Matrix Analysis for Small and Large Displacements. Ing.Archiv 34 (1965) S. 33-35.

[7] Argyris, J.H.: Matrix Analysis of Three-dimensional Elastic Media Small and Large Displacements, AIAA J. 3 (1965) S. 45-51.

[8] Argyris, J.H. und Scharpf, D.W.: Some General Considerations on the Natural Mode Technique. The Aeron. J. of the Royal Aeron.Soc. 73 (1969) S. 218-226, 361-368.

[9] Pestel, E.C. und Leckie, F.A.: Matrix Methods in Elastomechanics, New York 1963, McGraw-Hill.

[10] Przemieniecki, J.S.: Theory of Matrix Structural Analysis. New York 1968, McGraw-Hill.

[11] Argyris, J.H.: Matrix Analysis of Plates and Shells. Ing.-Archiv 35 (1966) S. 102-142.

[12] Argyris, J.H. und Scharpf, D.W.: The SHEBA Family of Shell Elements for the Matrix Displacement Method. The Aeron. J. of the Royal Aeron. Soc. 72 (1968) S. 873-883, 73 (1969) S. 423-426.

[13] Argyris, J.H., Fried, I. und Scharpf, D.W.: The TUBA Family of Elements for the Matrix Displacement Method. The Aeron. J. of the Royal Aeron. Soc. 72 (1968) S. 701-709.

[14] Argyris, J.H. und Kelsey, S.: Modern Fuselage Analysis and the Elastic Aircraft. London 1963, Butterworths.

[15] Oden, J.T.: Calculation of Geometric Stiffness Matrices for Complex Structures, AIAA J. 4 (1966) S. 1480-1482.

[16] Argyris, J.H. und Scharpf, D.W.: The Curved Tetrahedronal and Triangular Elements TEC and TRIC for the Matrix Displacement Method. Part I Small Displacements, Part II Large Displacements. The Aeron. J. of the Royal Aeron. Soc. 73 (1969) S. 55-65.

[17] Argyris, J.H.: Elasto-Plastic Matrix Displacement Analysis of Three-Dimensional Continua. J. of the Royal Aeron. Soc., 69 (1965) S. 633-636.

[18] Argyris, J.H., Scharpf, D.W. und Spooner, J.B.: Die elastoplastische Berechnung von allgemeinen Tragwerken und Kontinua. Ing.-Archiv 37 (1969) S. 326-352.

[19] Oden, J.T.: Finite Elements of Nonlinear Continua, McGraw-Hill New York 1972.

[20] Argyris, J.H., Fried, I. und Scharpf, D.W.: The TET 20 and TEA 8 Elements for the Matrix Displacement Method. The Aeron. J. of the Royal Aeron. Soc. 72 (1968) S. 618-623.

[21] Argyris, J.H. und Scharpf, D.W.: Berechnung vorgespannter Netzwerke. Bayer. Akad. Wiss., Sonderdruck 4 aus den Sitzungsberichten 1970, München.

[22] Argyris, J.H. und Angelopoulos, T.: Ein Verfahren für die Formfindung von beliebigen vorgespannten Netzwerkkonstruktionen, Preliminary report to the 9th IVBH Congress, Amsterdam, (1972) 385-392.

[23] Bellmann, R.: Introduction to Matrix Analysis (McGraw Hill, London, 1960).

[24] Farhoomand, I.: Non-linear Dynamic Stress Analysis of Two-dimensional solids, Ph.D. Thesis, University of California, Berkeley. (1970).

[25] Clough, R.W. and Wilson, E.L.: Dynamic Finite Element Analysis of Arbitrary thin Shells, Computers and Structures 1 (1972) pp 33-55.

[26] Argyris, J.H. and Angelopoulos, T.: Theorie, Programmentwicklung und Erfahrung an vorgespannten Netzwerkkonstruktionen, Vortrag anlässlich des 9. IVBH Kongresses, Amsterdam, 1972. Veröffentlicht im Vorbericht der ETH, Zürich (1972) 377-384.

[27] Petersen, C.: Abgespannte Maste und Schornsteine - Statik und Dynamik (Wilhelm Ernst und Sohn Verlag, Berlin, 1970).

[28] Goudreau, G.L. and Taylor, R.L.: Evaluation of Numerical Integration Methods in Elastodynamics. Computer Methods in Applied Mechanics and Engineering Vol. 2, No. 1 pp 65-68 (1972).

[29] Newmark, N.M.: A Method of Computation for Structural Dynamics" Proceedings ASCE 85, EM 3 (1959)

[30] Bathe, K.J. and Wilson, E.L.: Stability and Accuracy Analysis of Direct Integration Methods, Earthquake Engineering and Structural Dynamics Vol. 1, pp 283-291 (1973)

[31] Wilson, E.L., Farhoomand, I. and Bathe, K.J.: Non-linear Dynamic Analysis of Complex Structures, "Earthquake Engineering and Structural Dynamics Vol. 1 pp 241-252 (1973)

[32] Argyris, J.H., Dunne P.C. and Angelopoulos, T.: Non-linear Oscillations using the Finite Element Technique, Computer Methods in Applied Mechanics and Engineering 2 (1973).

[33] Argyris, J.H., Dunne P.C. and Angelopoulos, T.: Dynamic Response by Large Step Integration, Earthquake Engineering and Structural Dynamics 2 (1973) No. 3.

[34] Argyris, J.H. and Dunne, P.C.: Some Contributions to Non-linear Solid Mechanics, Colloque IRIA, Versailles Dec. 1973. Lecture Notes in Computer Science Vol. 10, Part 1, pp 42-139 Springer, Berlin 1973.

[35] Argyris, J.H., Dunne P.C., Angelopoulos, T. and Bichat, B.: Large Natural Strains and Some Special Difficulties due to Non-linearity and Incompressibility in Finite Elements, Computer Methods in Applied Mechanics and Engineering 4, 219-278 (1974).

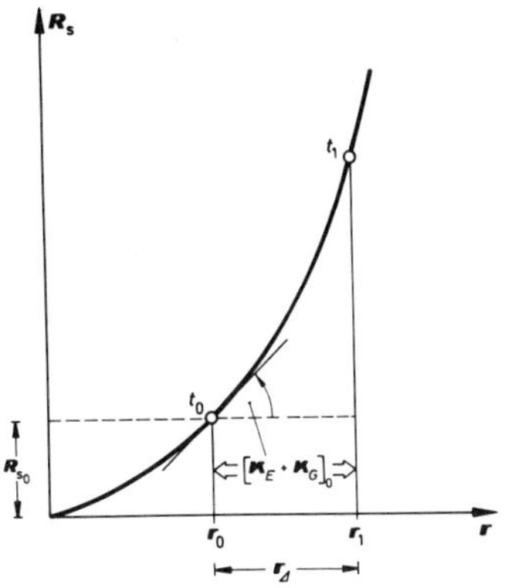

Abb. 1
Nichtlineares Kraft-Verschiebungsdiagramm
Definition der tangentiellen Steifigkeit

Abb. 2
Inkrementale statische Berechnung
bei großen Verschiebungen

INPUT   Koordinaten, Materialkonstanten,
Vorspannung, Anzahl der Inkremente

100% der äusseren Last erreicht?   Ja

Nein

Belastung um ein Inkrement erhöhen

Ungleichgewichtskräfte $\boldsymbol{R}_u$ an den Knoten berechnen
(= Summe der inneren und äusseren Kräfte)

Aufbau und Auflösung des Gleichungssystems
$$\boldsymbol{R}_u = [\boldsymbol{K}_E + \boldsymbol{K}_G]\boldsymbol{r}_{\Delta}$$
$$\boldsymbol{r}_{neu} = \boldsymbol{r}_{alt} + \boldsymbol{r}_{\Delta}$$

Bestimmung der neuen Geometrie und inneren Kräfte

Wiederholung der Prozedur bei
konstanter äusseren Last bis
$$\|\boldsymbol{R}_u\| < \varepsilon$$

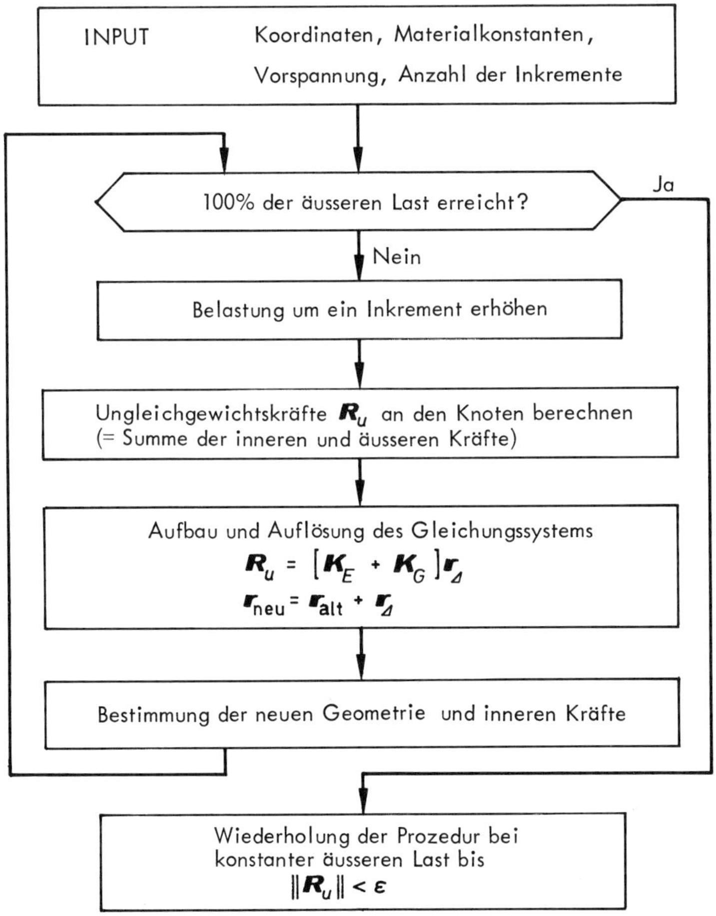

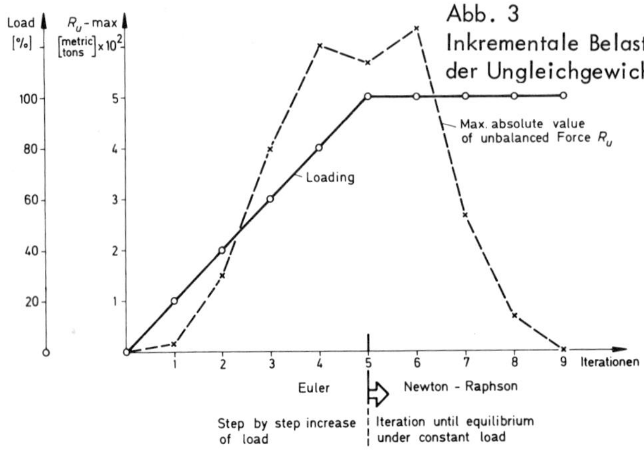

Abb. 3
Inkrementale Belastung und Verlauf
der Ungleichgewichtskräfte

$$y = f(x_0) + h\, f'(x_0) \qquad \Rightarrow \qquad R_1 = R_0 + K_0\, r_\Delta$$

$$y^* = f(x_0) + \frac{h}{2}\left(f'(x_0) + f'(x_0 + h)\right) \qquad \Rightarrow \qquad R_1^* = R_0 + \frac{1}{2}\left[K_0 + K_1\right] r_\Delta$$

Mathematical Problem   Mechanical Problem

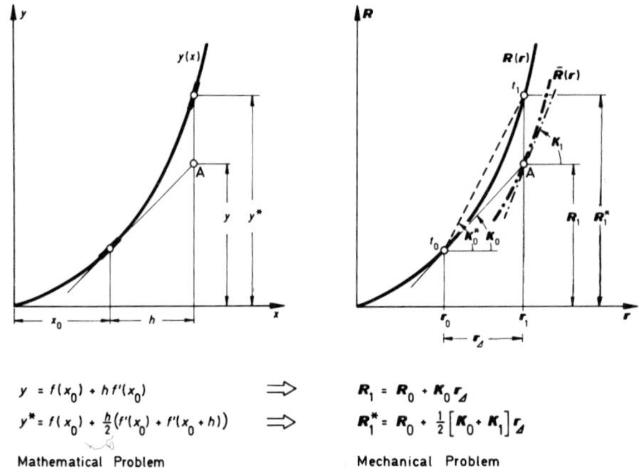

Abb. 4
Modifizierte Steifigkeit K_o^*

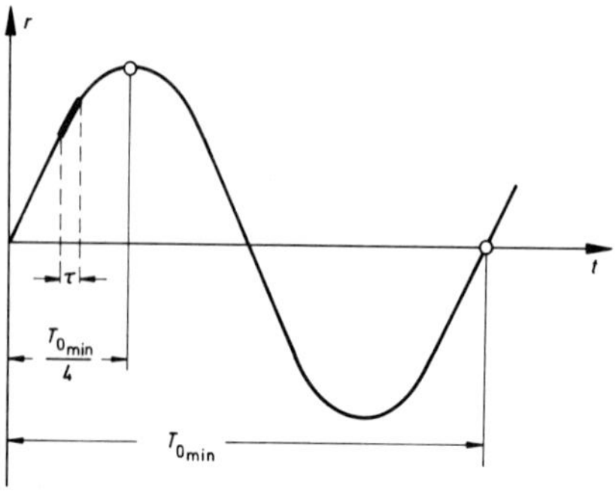

Abb. 5
Integrationsschrittweite τ

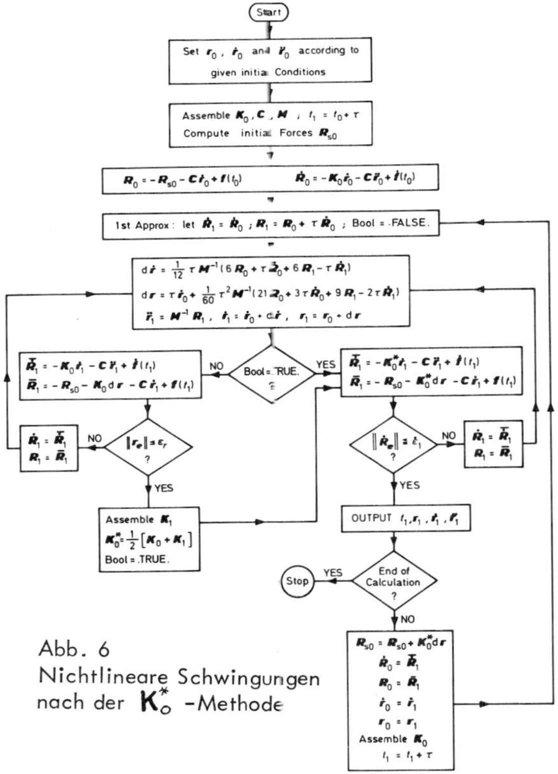

Abb. 6
Nichtlineare Schwingungen nach der $\mathbf{K}_o^*$ -Methode

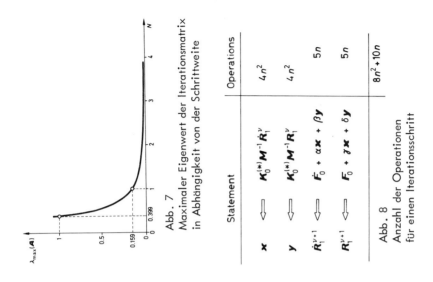

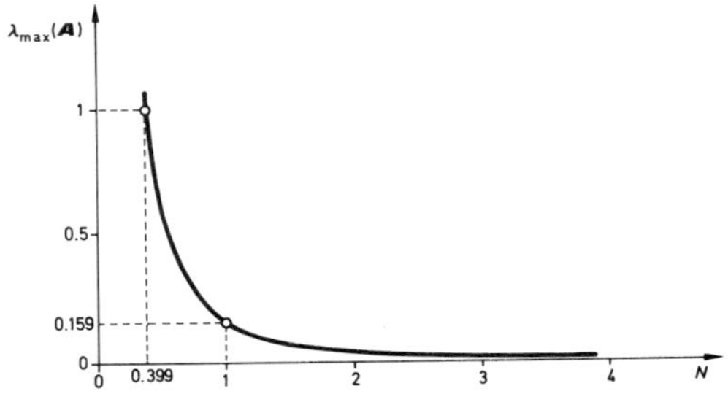

Abb. 7
Maximaler Eigenwert der Iterationsmatrix in Abhängigkeit von der Schrittweite

Statement			Operations
$\boldsymbol{x}$	$\Leftarrow$	$\boldsymbol{K}_0^{(*)}\boldsymbol{M}^{-1}\dot{\boldsymbol{R}}_1^{\nu}$	$4n^2$
$\boldsymbol{y}$	$\Leftarrow$	$\boldsymbol{K}_0^{(*)}\boldsymbol{M}^{-1}\boldsymbol{R}_1^{\nu}$	$4n^2$
$\dot{\boldsymbol{R}}_1^{\nu+1}$	$\Leftarrow$	$\dot{\boldsymbol{F}}_0 + \alpha\boldsymbol{x} + \beta\boldsymbol{y}$	$5n$
$\boldsymbol{R}_1^{\nu+1}$	$\Leftarrow$	$\boldsymbol{F}_0 + \gamma\boldsymbol{x} + \delta\boldsymbol{y}$	$5n$
			$8n^2 + 10n$

Abb. 8
Anzahl der Operationen für einen Iterationsschritt

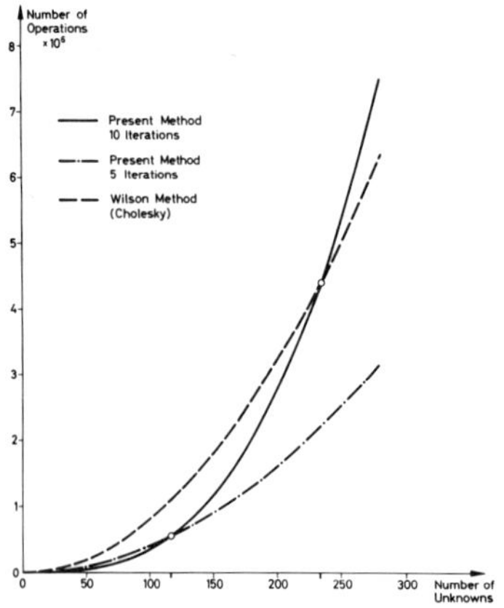

Abb. 9
Anzahl der Operationen
für die K_0^* -Methode ($2n \times 2n$)
und Wilson-Methode ($n \times n$)

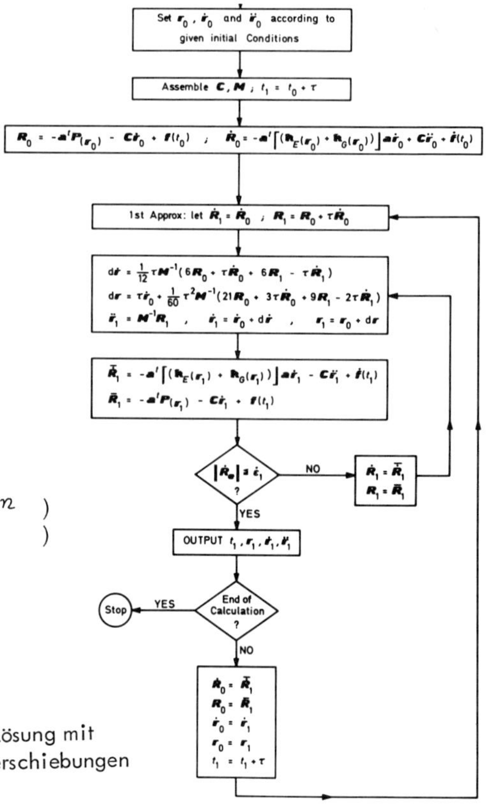

Abb. 10
Iterative Lösung mit
totalen Verschiebungen

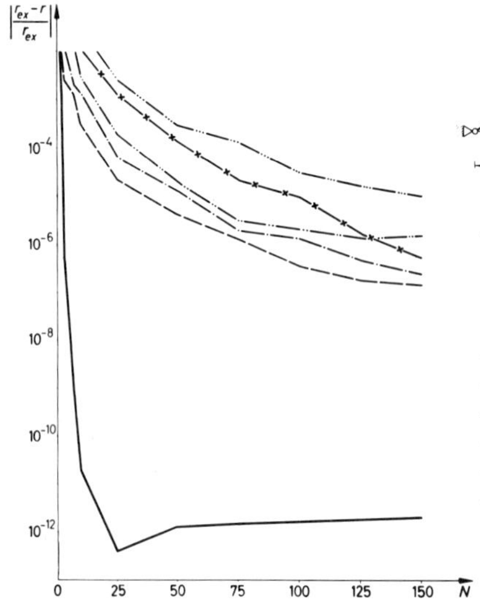

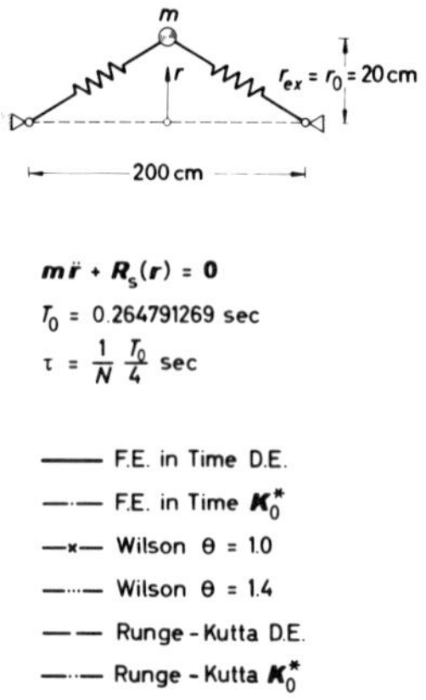

Abb. 11
Relativer Fehler der
Verschiebungen

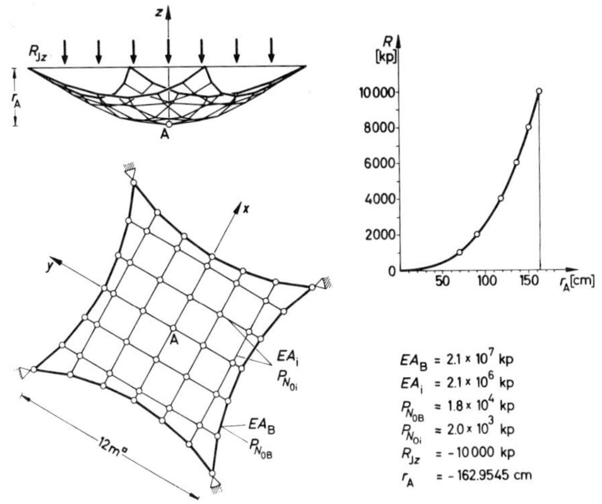

Abb. 12
Ebenes vorgespanntes
Netz unter Belastung

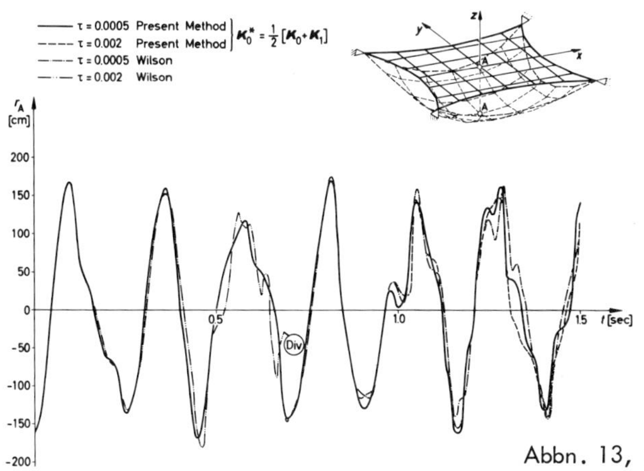

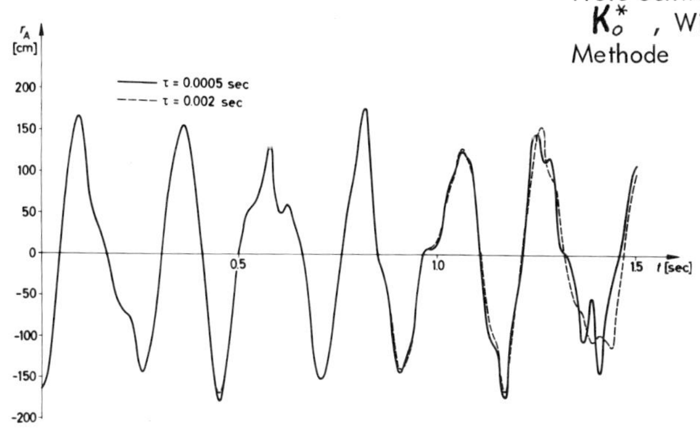

Abbn. 13, 14
Freie Schwingungen nach
K_o^* , Wilson und iterativen
Methode

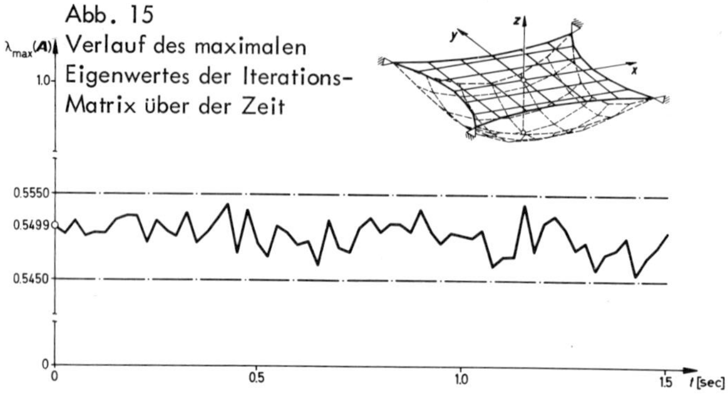

Abb. 15
Verlauf des maximalen Eigenwertes der Iterations-Matrix über der Zeit

$$\boldsymbol{M}\ddot{\boldsymbol{r}} + \boldsymbol{R}_s(\boldsymbol{r}) = \boldsymbol{0}$$

$$r_{Az} = -162.9545 \text{ cm}$$

$$\text{I)}\quad \|\ddot{\boldsymbol{r}}_e\| \leqq \left|-\frac{\tau}{6}\right| \|\boldsymbol{M}^{-1}\| \, \|\dot{\boldsymbol{R}}_e\|$$

$$\text{II)}\quad \|\dot{\boldsymbol{r}}_e\| \leqq \left|-\frac{\tau^2}{6}\right| \|\boldsymbol{M}^{-1}\| \, \|\dot{\boldsymbol{R}}_e\|$$

$$\text{III)}\quad \|\boldsymbol{r}_e\| \leqq \left|-\frac{7\tau^3}{120}\right| \|\boldsymbol{M}^{-1}\| \, \|\dot{\boldsymbol{R}}_e\|$$

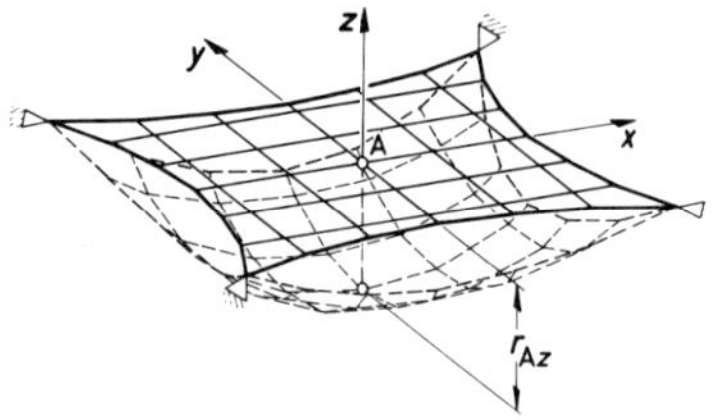

$\dot{\varepsilon}_1$	$\|\dot{R}_e\|$	$\|\ddot{r}_e\|$		$\|\dot{r}_e\|$		$\|r_e\|$	
Reqd.	Comp.	Ineq. I	Comp.	Ineq. II	Comp.	Ineq. III	Comp.
10^{+2}	$2.0 \times 10^{+1}$	5.5×10^{-2}	1.4×10^{-3}	3.5×10^{-5}	2.5×10^{-6}	7.7×10^{-9}	1.6×10^{-10}
10^{+1}	6.4×10^{-1}	1.7×10^{-3}	4.8×10^{-4}	1.1×10^{-6}	1.2×10^{-7}	2.4×10^{-10}	4.8×10^{-12}
10^{0}	6.4×10^{-1}	1.7×10^{-3}	4.7×10^{-4}	1.1×10^{-6}	1.2×10^{-7}	2.4×10^{-10}	4.8×10^{-12}
10^{-1}	3.9×10^{-2}	1.0×10^{-4}	1.1×10^{-5}	6.6×10^{-8}	1.6×10^{-9}	1.4×10^{-11}	1.4×10^{-14}
10^{-2}	7.3×10^{-4}	2.0×10^{-6}	2.8×10^{-8}	1.2×10^{-9}	4.1×10^{-11}	2.7×10^{-13}	5.0×10^{-15}
10^{-3}	7.0×10^{-4}	1.9×10^{-6}	7.4×10^{-8}	1.2×10^{-9}	1.8×10^{-11}	2.6×10^{-13}	4.0×10^{-15}
10^{-4}							

Abb. 16
Fehleranalyse innerhalb eines Zeitschrittes

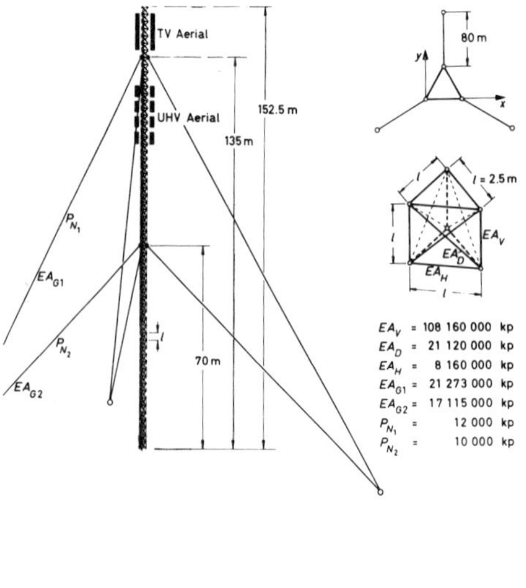

Abb. 17
Abgespannter Mast
(549 Unbekannte)

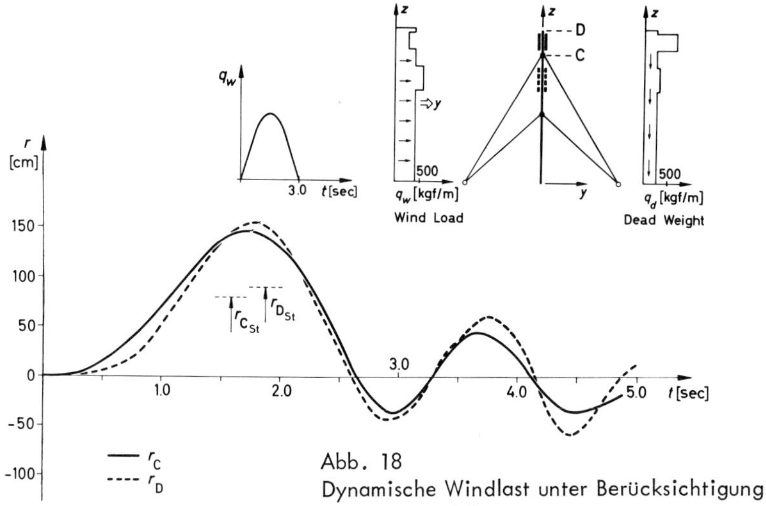

Abb. 18
Dynamische Windlast unter Berücksichtigung des Eigengewichts

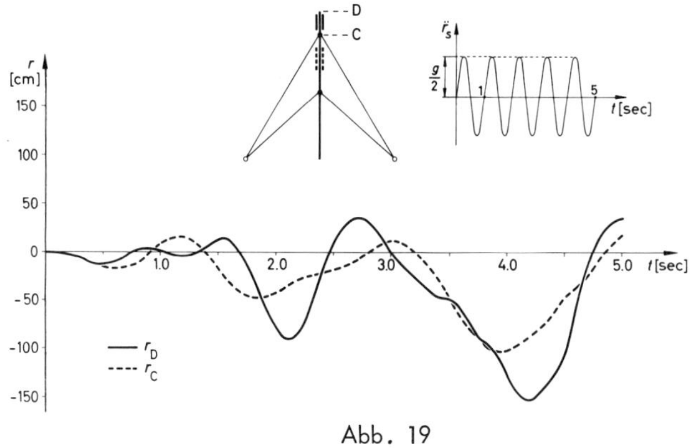

Abb. 19
Simulation eines Erdbeben

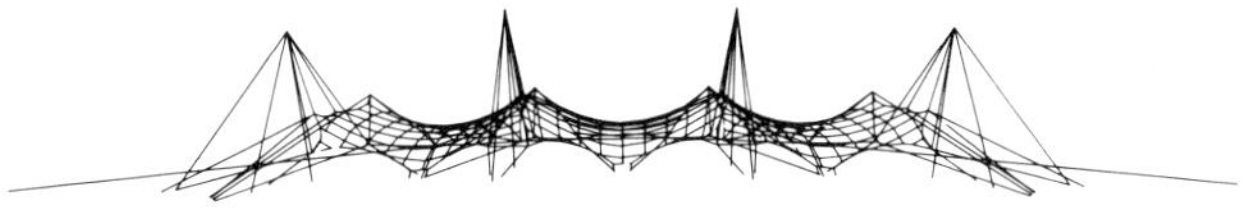

Abb. 20
Vorgespanntes Netzdach
(1164 Unbekannte)

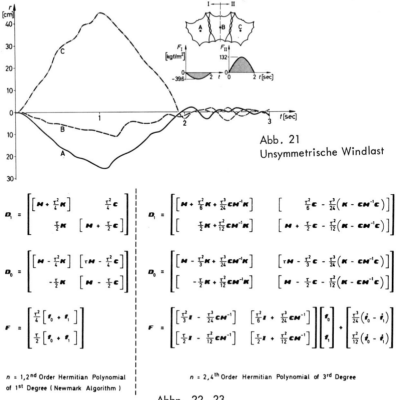

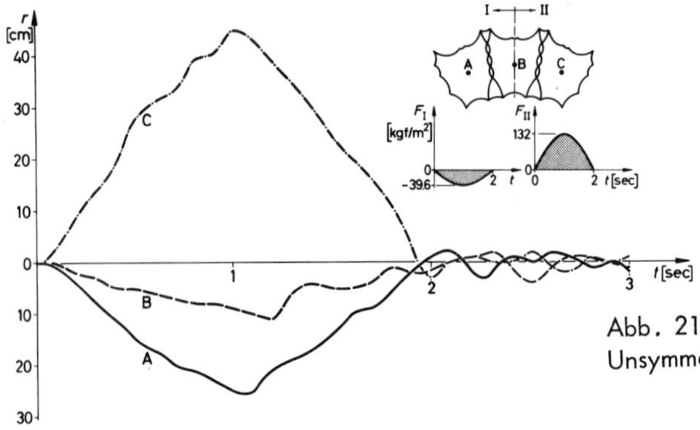

Abb. 21
Unsymmetrische Windlast

$$
D_1 = \begin{bmatrix} \left[M + \frac{\tau^2}{4}K\right] & \frac{\tau^2}{4}C \\ \frac{\tau}{2}K & \left[M + \frac{\tau}{2}C\right] \end{bmatrix}
$$

$$
D_0 = \begin{bmatrix} \left[M - \frac{\tau^2}{4}K\right] & \left[\tau M - \frac{\tau^2}{4}C\right] \\ -\frac{\tau}{2}K & \left[M - \frac{\tau}{2}C\right] \end{bmatrix}
$$

$$
F = \begin{bmatrix} \frac{\tau^2}{4}\left[f_0 + f_1\right] \\ \frac{\tau}{2}\left[f_0 + f_1\right] \end{bmatrix}
$$

n = 1, 2nd Order Hermitian Polynomial of 1st Degree (Newmark Algorithm)

$$
D_1 = \begin{bmatrix} \left[M + \frac{\tau^2}{6}K + \frac{\tau^3}{24}CM^{-1}K\right] & \left[\frac{\tau^2}{6}C - \frac{\tau^3}{24}\left(K - CM^{-1}C\right)\right] \\ \left[\frac{\tau}{2}K + \frac{\tau^2}{12}CM^{-1}K\right] & \left[M + \frac{\tau}{2}C - \frac{\tau^2}{12}\left(K - CM^{-1}C\right)\right] \end{bmatrix}
$$

$$
D_0 = \begin{bmatrix} \left[M - \frac{\tau^2}{3}K + \frac{\tau^3}{24}CM^{-1}K\right] & \left[\tau M - \frac{\tau^2}{3}C - \frac{\tau^3}{24}\left(K - CM^{-1}C\right)\right] \\ \left[-\frac{\tau}{2}K + \frac{\tau^2}{12}CM^{-1}K\right] & \left[M - \frac{\tau}{2}C - \frac{\tau^2}{12}\left(K - CM^{-1}C\right)\right] \end{bmatrix}
$$

$$
F = \begin{bmatrix} \left[\frac{\tau^2}{3}I - \frac{\tau^3}{24}CM^{-1}\right] & \left[\frac{\tau^2}{6}I + \frac{\tau^3}{24}CM^{-1}\right] \\ \left[\frac{\tau}{2}I - \frac{\tau^2}{12}CM^{-1}\right] & \left[\frac{\tau}{2}I + \frac{\tau^2}{12}CM^{-1}\right] \end{bmatrix} \begin{bmatrix} f_0 \\ f_1 \end{bmatrix} + \begin{bmatrix} \frac{\tau^3}{24}\left(\dot{f}_0 - \dot{f}_1\right) \\ \frac{\tau^2}{12}\left(\dot{f}_0 - \dot{f}_1\right) \end{bmatrix}
$$

n = 2, 4th Order Hermitian Polynomial of 3rd Degree

Abbn. 22, 23
Numerische Integration mit großen Schrittweiten
Matrizen D_1, D_0 und F
für die Interpolation 1., 3., 5. Ordnung

$$
D_1 = \begin{bmatrix} \left[M + \frac{3}{20}\tau^2 K + \frac{\tau^3}{24}CM^{-1}K - \frac{\tau^4}{240}\left(KM^{-1} - (CM^{-1})^2\right)K\right] & \left[\frac{3}{20}\tau^2 C - \frac{\tau^3}{24}\left(K - CM^{-1}C\right) - \frac{\tau^4}{240}KM^{-1}C\right] \\ \left[\frac{\tau}{2}K + \frac{\tau^2}{10}CM^{-1}K - \frac{\tau^3}{120}\left(KM^{-1} - (CM^{-1})^2\right)K\right] & \left[M + \frac{\tau}{2}C - \frac{\tau^2}{10}\left(K - CM^{-1}C\right) - \frac{\tau^3}{120}\left(CM^{-1}K + (KM^{-1} - (CM^{-1})^2)C\right)\right] \end{bmatrix}
$$

$$
D_0 = \begin{bmatrix} \left[M - \frac{7}{20}\tau^2 K + \frac{7}{120}\tau^3 CM^{-1}K + \frac{\tau^4}{240}\left(KM^{-1} - (CM^{-1})^2\right)K\right] & \left[\tau M - \frac{7}{20}\tau^2 C - \frac{7}{120}\tau^3\left(K - CM^{-1}C\right) + \frac{\tau^4}{240}KM^{-1}C\right] \\ \left[-\frac{\tau}{2}K + \frac{\tau^2}{10}CM^{-1}K + \frac{\tau^3}{120}\left(KM^{-1} - (CM^{-1})^2\right)K\right] & \left[M - \frac{\tau}{2}C - \frac{\tau^2}{10}\left(K - CM^{-1}C\right) + \frac{\tau^3}{120}\left(CM^{-1}K + (KM^{-1} - (CM^{-1})^2)C\right)\right] \end{bmatrix}
$$

$$
F = \begin{bmatrix} \left[\frac{7}{20}\tau^2 I - \frac{7}{120}\tau^3 CM^{-1} - \frac{\tau^4}{240}\left(KM^{-1} - (CM^{-1})^2\right)\right] & \left[\frac{3}{20}\tau^2 I + \frac{\tau^3}{24}CM^{-1} - \frac{\tau^4}{240}\left(KM^{-1} - (CM^{-1})^2\right)\right] \\ \left[\frac{\tau}{2}I - \frac{\tau^2}{10}CM^{-1} - \frac{\tau^3}{120}KM^{-1} + \frac{\tau^3}{120}(CM^{-1})^2\right] & \left[\frac{\tau}{2}I + \frac{\tau^2}{10}CM^{-1} - \frac{\tau^3}{120}\left(KM^{-1} - (CM^{-1})^2\right)\right] \end{bmatrix} \begin{bmatrix} f_0 \\ f_1 \end{bmatrix} + \begin{bmatrix} \left[\frac{7}{120}\tau^3 I - \frac{\tau^4}{240}CM^{-1}\right] & \left[-\frac{\tau^3}{24}I - \frac{\tau^4}{240}CM^{-1}\right] \\ \left[\frac{\tau^2}{10}I - \frac{\tau^3}{120}CM^{-1}\right] & \left[-\frac{\tau^2}{10}I - \frac{\tau^3}{120}CM^{-1}\right] \end{bmatrix} \begin{bmatrix} \dot{f}_0 \\ \dot{f}_1 \end{bmatrix} + \begin{bmatrix} \frac{\tau^4}{240}\left(\ddot{f}_0 + \ddot{f}_1\right) \\ \frac{\tau^3}{120}\left(\ddot{f}_0 + \ddot{f}_1\right) \end{bmatrix}
$$

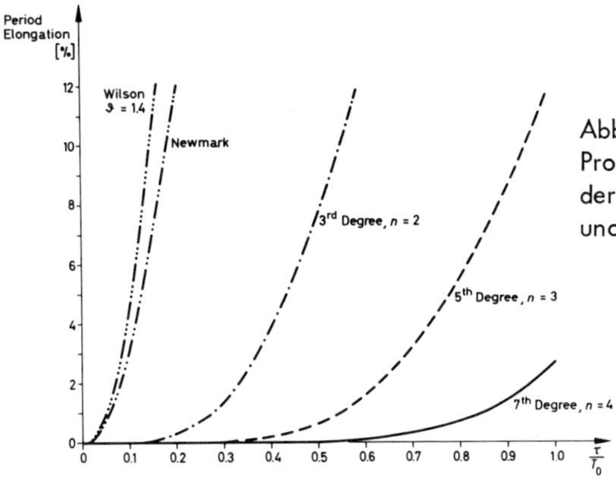

Abb. 24
Prozentuale Vergrösserung der Periode bei verschiedenen unconditional stable Methoden

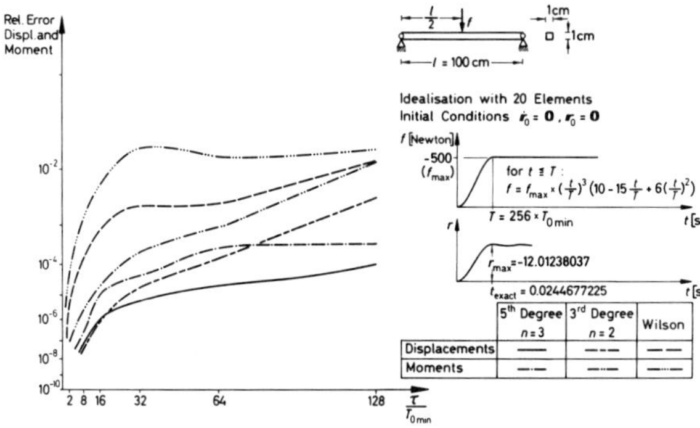

Abb. 25
Integration mit großer Schrittweite.
Erzwungene Schwingungen eines Balkens.
Relativer Fehler der Verschiebungen und des Momentes über der Zeit.

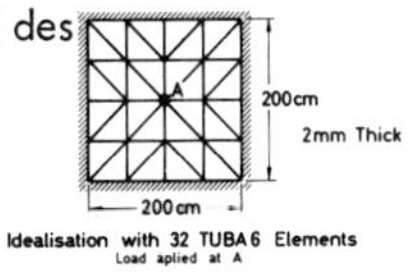

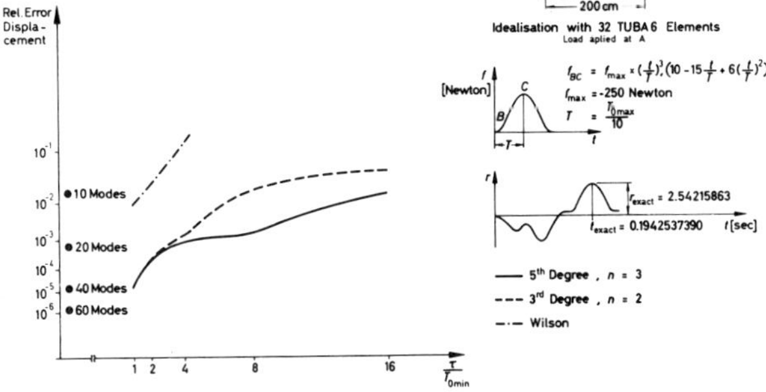

Abb. 26
Integration mit großer Schrittweite.
Erzwungene Schwingungen einer Rechteckplatte

n		R_0	R_1	$\dot{R}_0$	$\dot{R}_1$	$\ddot{R}_0$	$\ddot{R}_1$	$\dddot{R}_0$	$\dddot{R}_1$
		Coefficients of $M^{-1}x$							
1	$\dot{r}_1 = \dot{r}_0 +$	$\frac{1}{2}\tau$	$\frac{1}{2}\tau$						
	$r_1 = r_0 + \tau\dot{r}_0 +$	$\frac{1}{3}\tau^2$	$\frac{1}{6}\tau^2$						
2	$\dot{r}_1 = \dot{r}_0 +$	$\frac{1}{2}\tau$	$\frac{1}{2}\tau$	$\frac{1}{12}\tau^2$	$-\frac{1}{12}\tau^2$				
	$r_1 = r_0 + \tau\dot{r}_0 +$	$\frac{7}{20}\tau^2$	$\frac{3}{20}\tau^2$	$\frac{1}{20}\tau^3$	$-\frac{1}{30}\tau^3$				
3	$\dot{r}_1 = \dot{r}_0 +$	$\frac{1}{2}\tau$	$\frac{1}{2}\tau$	$\frac{1}{10}\tau^2$	$-\frac{1}{10}\tau^2$	$\frac{1}{120}\tau^3$	$\frac{1}{120}\tau^3$		
	$r_1 = r_0 + \tau\dot{r}_0 +$	$\frac{5}{14}\tau^2$	$\frac{1}{7}\tau^2$	$\frac{13}{210}\tau^3$	$-\frac{4}{105}\tau^3$	$\frac{1}{210}\tau^4$	$\frac{1}{280}\tau^4$		
4	$\dot{r}_1 = \dot{r}_0 +$	$\frac{1}{2}\tau$	$\frac{1}{2}\tau$	$\frac{3}{28}\tau^2$	$-\frac{3}{28}\tau^2$	$\frac{1}{84}\tau^3$	$\frac{1}{84}\tau^3$	$\frac{1}{1680}\tau^4$	$-\frac{1}{1680}\tau^4$
	$r_1 = r_0 + \tau\dot{r}_0 +$	$\frac{13}{36}\tau^2$	$\frac{5}{36}\tau^2$	$\frac{17}{252}\tau^3$	$-\frac{5}{126}\tau^3$	$\frac{1}{144}\tau^4$	$\frac{5}{1008}\tau^4$	$\frac{1}{3024}\tau^5$	$-\frac{1}{3780}\tau^5$

Abbn. 27, 28 Hermitesche Interpolation der Trägheitskraft. Koeffizienten für Conditional und Unconditional stabel

n		R_0	R_1	$\dot{R}_0$	$\dot{R}_1$	$\ddot{R}_0$	$\ddot{R}_1$	$\dddot{R}_0$	$\dddot{R}_1$
		Coefficients of $M^{-1}x$				Unconditionall			
1	$\dot{r}_1 = \dot{r}_0 +$	$\frac{1}{2}\tau$	$\frac{1}{2}\tau$						
	$r_1 = r_0 + \tau\dot{r}_0 +$	$\frac{1}{4}\tau^2$	$\frac{1}{4}\tau^2$						
2	$\dot{r}_1 = \dot{r}_0 +$	$\frac{1}{2}\tau$	$\frac{1}{2}\tau$	$\frac{1}{12}\tau^2$	$-\frac{1}{12}\tau^2$				
	$r_1 = r_0 + \tau\dot{r}_0 +$	$\frac{1}{3}\tau^2$	$\frac{1}{6}\tau^2$	$\frac{1}{24}\tau^3$	$-\frac{1}{24}\tau^3$				
3	$\dot{r}_1 = \dot{r}_0 +$	$\frac{1}{2}\tau$	$\frac{1}{2}\tau$	$\frac{1}{10}\tau^2$	$-\frac{1}{10}\tau^2$	$\frac{1}{120}\tau^3$	$\frac{1}{120}\tau^3$		
	$r_1 = r_0 + \tau\dot{r}_0 +$	$\frac{7}{20}\tau^2$	$\frac{3}{20}\tau^2$	$\frac{7}{120}\tau^3$	$-\frac{1}{24}\tau^3$	$\frac{1}{240}\tau^4$	$\frac{1}{240}\tau^4$		
4	$\dot{r}_1 = \dot{r}_0 +$	$\frac{1}{2}\tau$	$\frac{1}{2}\tau$	$\frac{3}{28}\tau^2$	$-\frac{3}{28}\tau^2$	$\frac{1}{84}\tau^3$	$\frac{1}{84}\tau^3$	$\frac{1}{1680}\tau^4$	$-\frac{1}{1680}\tau^4$
	$r_1 = r_0 + \tau\dot{r}_0 +$	$\frac{5}{14}\tau^2$	$\frac{1}{7}\tau^2$	$\frac{11}{168}\tau^3$	$-\frac{1}{24}\tau^3$	$\frac{11}{1680}\tau^4$	$\frac{3}{560}\tau^4$	$\frac{1}{3600}\tau^5$	$-\frac{1}{3600}\tau^5$

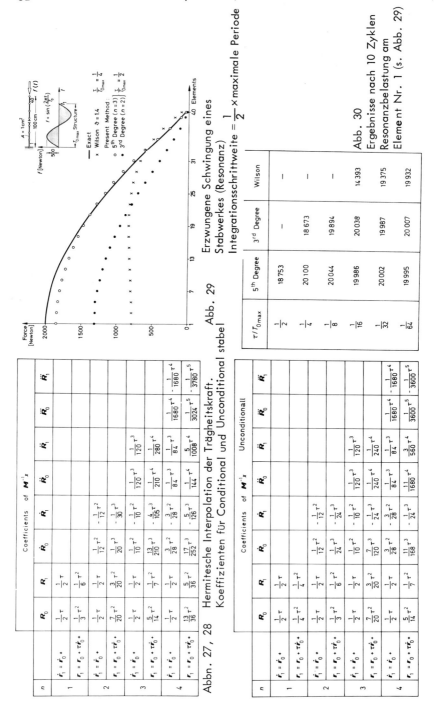

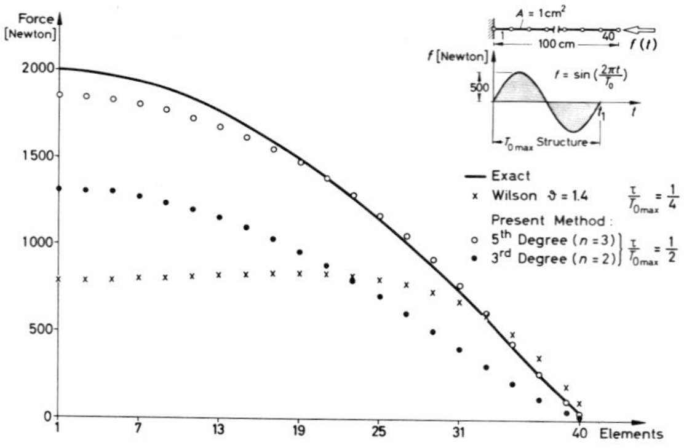

Abb. 29 Erzwungene Schwingung eines Stabwerkes (Resonanz) Integrationsschrittweite $= \frac{1}{2} \times$ maximale Periode

$\tau / T_{0\,max}$	5th Degree	3rd Degree	Wilson
$\frac{1}{2}$	18 753	–	–
$\frac{1}{4}$	20 100	18 673	–
$\frac{1}{8}$	20 044	19 894	–
$\frac{1}{16}$	19 986	20 038	14 393
$\frac{1}{32}$	20 002	19 987	19 375
$\frac{1}{64}$	19 995	20 007	19 932

Abb. 30 Ergebnisse nach 10 Zyklen Resonanzbelastung am Element Nr. 1 (s. Abb. 29)

ISNM 28 Birkhäuser Verlag, Basel und Stuttgart, 1975

EIN ALLGEMEINER KONVERGENZSATZ FÜR VERSCHÄRFTE NEWTON-VERFAHREN

Hans-Joachim Kornstaedt

1. Eine Reihe von semilokalen Konvergenzsätzen für Iterationsverfahren in einem Banachraum $(R,\|\cdot\|)$ (oder auch in vollständigen metrischen Räumen) beruhen auf einem allgemeinen Konvergenzkriterium für Folgen $\{x_k\} \subset R$, welches sich unmittelbar aus dem Prinzip der Kugelschachtelung ergibt.

(K1) Zur Folge $\{x_k\} \subset R$ existieren Vergleichsfolgen $\{r_k\}, \{s_k\} \subset \mathbb{R}^+$ mit

$$\|x_{k+1}-x_k\| \le s_k, \quad r_{k+1}+s_k \le r_k \quad (k = 0,1,\dots) \tag{1}$$

und $$\lim_{k\to\infty} r_k = 0. \tag{2}$$

Die durch $S_k = S(x_k,r_k) = \{x \varepsilon R: \|x-x_k\| \le r_k\}$ definierten Kugeln bilden nach (1) eine Schachtelung

$$S_{k+1} \subset S_k \subset \dots \quad S_1 \subset S_o, \tag{3}$$

und mit (2) folgt aufgrund der Vollständigkeit von R die Existenz von $\lim_{k\to\infty} x_k = x^* \varepsilon S_k$ $(k = 0,1,\dots)$. Es gilt also das

LEMMA. Erfüllt eine Folge $\{x_k\} \subset R$ das Kriterium (K1), so existiert $\lim_{k\to\infty} x_k = x^*$ mit $\|x^*-x_k\| \le r_k$. (4)

Ein zu (K1) äquivalentes Kriterium ist von Rheinboldt [12,13] mit dem Majorantenkriterium angegeben worden.

(K2) Zur Folge $\{x_k\} \subset R$ gibt es eine "majorisierende" Folge $\{t_k\} \subset \mathbb{R}^+$ mit $\|x_{k+1}-x_k\| \le t_{k+1}-t_k$, so daß $\lim_{k\to\infty} t_k = t^* < \infty$ existiert.

Gilt nämlich für $\{x_k\}$ das Kriterium (K1), so ist mit $\{t_k\}$, definiert durch $t_{k+1} = t_k+s_k$ $(k = 0,1,\dots)$, $t_o = 0$ auch (K2) erfüllt, denn wegen $t_{k+l}-t_k \le r_k-r_{k+l}$ für alle $k,l\in\mathbb{N}$ existiert $\lim_{k\to\infty} t_k = t^* \le t_k+r_k$. Falls in (K1) stets $r_{k+1}+s_k = r_k$ gilt, so hat man $t^* = t_k+r_k$. Umgekehrt folgt aus dem Kriterium (K2) mit $r_k = t^* - t_k$ und $s_k = t_{k+1}-t_k$ die Gültigkeit von (K1).

Während mit dem Kriterium in der Form (K2) z.B. von Rheinboldt [12], [13], Dennis [5], Hoyer [8] und anderen, die hier nicht alle aufgeführt werden sollen, allgemeine Konvergenzsätze konstruiert werden, wird in [9] gezeigt, daß es sich für eine ganze Reihe von Iterationsverfahren in natürlicher Weise anbietet, direkt aus (K1) mit einem Ansatz $s_k = \gamma(h_k)\xi_k$, $r_k = \varphi(h_k)\xi_k$ Konvergenzsätze zu gewinnen.

Obwohl sich semilokale Konvergenzaussagen für verschärfte Newton-Verfahren schon in einer Reihe von Arbeiten (vergl. z.B. Collatz [2], Döring [6],[7], Kleinmichel [11] und die dort genannten Literaturhinweise) finden lassen, soll hier ein mit der letztgenannten Methode hergeleiteter allgemeiner Konvergenzsatz für diese Verfahren angegeben werden. Neben dem Vorteil einer einheitlichen Darstellung bietet der Satz Verschärfungen bereits bekannter Fehlerabschätzungen und Abschwächungen der Konvergenzbedingungen. Für das vereinfachte Newton-Verfahren, welches sich als Grenzfall eines speziellen verschärften Newton-Verfahrens auffassen läßt, ergibt sich ebenfalls eine Verbesserung der bisher bekannten Fehlerschranken.

2. Es wird die Operatorgleichung $F(x) = 0$ in R betrachtet. $F: D(F) \subset R \to R$ besitze in einer konvexen Menge U beschränkte Frechét-Ableitungen $F^{(\mu)}(x)$ $(x \varepsilon U, \mu = 1,2,\ldots,m+1)$. Es sei $\Gamma(x) = \{F'(x)\}^{-1}$, falls die Inverse existiert, und $V = \{x \varepsilon U\colon \Gamma(x)$ existiert und ist beschränkt$\}$. Zur Lösung der Gleichung kann häufig ein Iterationsverfahren

$$x_{k+1} = Tx_k \quad (k = 0,1,\ldots), \quad x_o \varepsilon D(T) \tag{5}$$

verwendet werden, wobei der Iterationsoperator $T\colon D(T) \subset R \to R$ mit Hilfe gewisser Ableitungen $F^{(\lambda)}$ $(\lambda = 0,1,\ldots,l; l \leq m)$ und des Operators Γ gebildet wird.

Da man bei der Herleitung von Abschätzungsfunktionen für solche Verfahren im wesentlichen von der Taylorentwicklung Gebrauch macht, liegt es nahe Funktionen $\xi\colon V \to \mathbb{R}^+$, $h\colon V \to \mathbb{R}^+_m$, definiert durch

$$\xi(x) = \|\Gamma(x)F(x)\|, \quad h(x) = (h^{(\mu)}(x))^T \varepsilon \mathbb{R}^+_m,$$

$$h^{(\mu)}(x) = M_\mu(x)\xi(x)^{\mu-1}, \quad M_\mu(x) = \frac{1}{\mu!} \sup_{u \varepsilon U} \|\Gamma(x)F^{(\mu)}(u)\| \tag{6}$$

$$(\mu = 2,3,\ldots,m+1)$$

einzuführen. In Abhängigkeit von syntonen Funktionen $\gamma,\delta\colon H \to \mathbb{R}^+$ mit

$$H = \left\{ h\varepsilon\mathbb{R}_m^+ : \begin{array}{l} 2h^{(2)}\gamma(h) < 1 \wedge \delta(h) \leq [1-2h^{(2)}\gamma(h)]^2 \\ \wedge\ \delta(0,h^{(3)},\ldots,h^{(m+1)}) < 1 \end{array} \right\} \quad (7)$$

$(h = (h^{(2)},\ldots,h^{(m+1)})^T \in \mathbb{R}_m)$ werden durch

$$\beta(h) = \frac{\delta(h)}{1-2h^{(2)}\gamma(h)}, \quad Ah = \frac{1}{1-2h^{(2)}\gamma(h)} \begin{bmatrix} \beta(h) & & 0 \\ & \beta(h)^2 & \\ & & \ddots \\ 0 & & \beta(h)^m \end{bmatrix} h \quad (8)$$

syntone Abbildungen $\beta: H \to \mathbb{R}^+$, $A: H \to H$ mit den Eigenschaften

$$\beta(h) < 1, \quad Ah \leq h \quad \text{für alle } h\varepsilon H \quad (9)$$

definiert. Außerdem sei $V_o = \{x\varepsilon V: h(x)\varepsilon H\}$, $D_o = V_o \cap D(T)$.

SATZ 1.

(V1) Für das Verfahren (5) gebe es syntone Abschätzfunktionen $\gamma,\delta: H \to \mathbb{R}^+$, so daß gilt:

(V1.1) $\|Tx-x\| \leq \gamma(h(x))\xi(x)$ für alle $x\varepsilon D_o$ und

$\|\Gamma(x)F(Tx)\| \leq \delta(h(x))\xi(x)$ für alle $x\varepsilon D_o$ mit $Tx\varepsilon U$.

(V1.2) Für $x\varepsilon V_o$ und $S(x,\gamma(h(x))) \subset U$ sei $x\varepsilon D(T)$.

(V2) $\varphi: H \to \mathbb{R}^+$ sei eine Lösung der Funktionalungleichung

$$\varphi(Ah)\beta(h) + \gamma(h) \leq \varphi(h) \quad \text{in } H \quad (10)$$

mit $\varphi(h) \leq \varphi_o(h) := \gamma(h)/[1-\beta(h)]$ für alle $h\varepsilon H$.

(V3) Für ein $x_o\varepsilon D_o$ sei

$S = S(Tx_o, \varphi(Ah(x_o))\beta(h(x_o))\xi(x_o)) \subset U$.

Dann ist das Iterationsverfahren (5), ausgehend von x_o, unbeschränkt ausführbar. Die Folge $\{x_k\}$ konvergiert gegen eine Lösung x^* der Gleichung $F(x) = 0$ und mit $h_k = A^k h(x_o)$,

$\xi_k = \xi(x_k)$ gelten die Fehlerabschätzungen

$$\begin{aligned}
&(F1) \quad \|x^*-x_{k+1}\| \leq \varphi(h_{k+1})\xi_{k+1} \\
&(F2) \quad \|x^*-x_{k+1}\| \leq \varphi(A^{k+1}h_o)\prod_{\mu=o}^{k}\beta(A^{\mu}h_o)\xi_o \\
&(F3) \quad \|x^*-x_{k+1}\| \leq \varphi(Ah_k)\beta(h_k)\xi_k \\
&(F4) \quad \|x^*-x_{k+1}\| \leq [\varphi(h_k)-\gamma(h_k)]\xi_k
\end{aligned} \qquad (k = 0,1,\ldots)$$

BEWEIS. (1) Es sei $x\varepsilon D_o$ und $Tx\varepsilon U$. Dann gilt nach (V1.1)

$$\|\Gamma(x)F'(Tx)-I\| = \|\Gamma(x)[F'(Tx)-F'(x)]\| \leq 2M_2(x)\|Tx-x\|$$
$$\leq 2M_2(x)\gamma(h(x))\xi(x) = 2h^{(2)}(x)\gamma(h(x)) < 1.$$

Nach einem bekannten Satz von Banach existiert dann $\Gamma(Tx)$ mit $\xi(Tx) = \|\Gamma(Tx)F(Tx)\| \leq \|\Gamma(x)F(Tx)\|/[1-2h^{(2)}(x)\gamma(h(x))]$

$$\leq \delta(h(x))\xi(x)/[1-2h^{(2)}(x)\gamma(h(x))] = \beta(h(x))\xi(x),$$

$$M_\mu(Tx) = \frac{1}{\mu!}\sup_{u\varepsilon U}\|\Gamma(Tx)F^{(\mu)}(u)\| \leq M_\mu(x)/[1-2h^{(2)}(x)\gamma(h(x))]$$

und $h(Tx) = (M_\mu(Tx)\xi(Tx)^{\mu-1}) \leq Ah(x) \leq h(x)$.

Es ist also $Tx\varepsilon V$ und da γ und δ synton sind, gilt auch $h(Tx)\varepsilon H$, also $Tx\varepsilon V_o$.

(2) Es ist $r_o = \varphi(h_o)\xi_o$, $r_{k+1} = \varphi(Ah_k)\beta(h_k)\xi_k$, $s_k = \gamma(h_k)\xi_k$ und $S_k = S(x_k,r_k)$ für alle $x_k\varepsilon D_o$ definiert. Durch Induktion wird gezeigt, daß die Iteration unbeschränkt ausführbar ist und $x_k\varepsilon D_o$, $S_{k+1} \subset U$ für alle $k\varepsilon \mathbb{N}$ gilt: Für $k = 0$ ist dies nach (V3) richtig. Aus $x_k\varepsilon D_o$ und $S_{k+1} \subset U$ folgt nach (1) $x_{k+1}\varepsilon V_o$. Wegen $\gamma(h) \leq \varphi(h)$ für alle $h\varepsilon H$ gilt $S(x_{k+1},\gamma(h_{k+1})\xi_{k+1}) \subset S_{k+1} \subset U$ und damit nach (V1.2) auch $x_{k+1}\varepsilon D_o$. Die Anwendung von (V1.1) und (V2) führt auf die Abschätzungen $\|x_{k+2}-x_{k+1}\| \leq \gamma(h_{k+1})\xi_{k+1} = s_{k+1}$ und

$$r_{k+2}+s_{k+1} = \varphi(Ah_{k+1})\beta(h_{k+1})\xi_{k+1}+\gamma(h_{k+1})\xi_{k+1} \leq \varphi(h_{k+1})\xi_{k+1}$$

$$\leq \varphi(Ah_k)\beta(h_k)\xi_k = r_{k+1}, \qquad (12)$$

d.h. $S_{k+2} \subset S_{k+1} \subset U$. Aus

$$\xi_{k+1} \leq \beta(h_k)\xi_k \leq \ldots \leq \prod_{\mu=o}^{k} \beta(h_\mu)\xi_o \leq \beta(h_o)^{k+1}\xi_o \qquad (13)$$

und $\beta(h_o) < 1$ folgt $\lim_{k\to\infty} \xi_k = 0$, woraus sich schließlich wegen $r_{k+1} = \varphi(Ah_k)\beta(h_k)\xi_k \leq \varphi_o(h_o)\xi_k$ auch $\lim_{k\to\infty} r_k = 0$ ergibt. Die Folge $\{x_k\}$ genügt also dem Kriterium (K1) und nach dem Lemma existiert $\lim_{k\to\infty} x_k = x^*$ mit $\|x^*-x_{k+1}\| \leq r_{k+1}$ ((F3)). Durch weiteres Abschätzen folgen daraus (F2) und (F4). (F1) erhält man unter Beachtung der Tatsache, daß (K1) erfüllt bleibt, wenn man $\{r_k\}$ durch $\{r'_k\}$, definiert durch $r'_k = \varphi(h_k)\xi_k$ ersetzt.

(3) Wegen

$$\|F(x_k)\| \leq \|F'(x_k)\|\xi_k = \|F'(x_1)[\Gamma(x_1)(F'(x_k)-F'(x_1))+I]\|\xi_k$$

$$\leq \|F'(x_1)\|(1+M_2(x_1)r_1)\xi_k \quad \text{für alle } k\in\mathbb{N},\ k \geq 1$$

folgt aus $\lim_{k\to\infty} \xi_k = 0$ auch $\lim_{k\to\infty} F(x_k) = 0$ und damit aufgrund der Stetigkeit von F schließlich $F(x^*) = 0$.

BEMERKUNGEN. 1. Der Satz ergibt sich auch als Spezialfall eines allgemeinen Konvergenzsatzes in [9].

2. Falls auch φ auf H synton ist, gelten (F1)-(F4) auch mit $h_k = h(x_k)$ und in (V2) kann auf die Bedingung $\varphi \leq \varphi_o$ verzichtet werden. Darüberhinaus dürfen in den Fehlerschranken (F1)-(F4) die Folgen $\{\xi_k\}$ durch $\{\tilde{\xi}_k\}$ mit $\xi_k \leq \tilde{\xi}_k$ und $\{h_k\}$ durch $\{\tilde{h}_k\} \subset H$ mit $h_k \leq \tilde{h}_k$ ersetzt werden.

3. Die Bedingung $\varphi \leq \varphi_o$ in (V2) stellt keine wesentliche

Einschränkung dar, denn φ_o selbst ist eine syntone Lösung der Funktionalungleichung (10). Unter allen Funktionen φ, die (V2) genügen, existiert genau eine, welche die Funktionalgleichung (10) löst. Diese liefert die kleinsten Fehlerschranken. Sie kann (in Fällen, in denen sie nicht bereits in geschlossener Form bekannt ist) iterativ berechnet werden durch die Folge von syntonen Lösungen φ_k der Funktionalungleichung (10), definiert durch

$$\varphi_{k+1}(h) = \varphi_k(Ah)\beta(h) + \gamma(h) \quad (k = 0,1,\ldots) \qquad (14)$$

mit der Eigenschaft $\varphi_{k+1} \leq \varphi_k \leq \ldots \leq \varphi_o$ (vergl. [9]).

4. (V3) kann durch die i.a. schärfere Bedingung

(V3') $x_o \varepsilon V_o$ und $S(x_o, \varphi(h_o)\xi_o) \subset U$

ersetzt werden.

5. Zur Berechnung von ξ_{k+1} und h_{k+1} ist i.a. die Ausführung eines weiteren Iterationsschrittes (oder doch wesentlicher Größen dazu) notwendig, so daß die durch (F2) - (F4) angegebenen Vergröberungen von (F1) sinnvoll sind. Falls φ synton ist, kann (F3) häufig verschärft werden, nämlich dann, wenn eine (im wesentlichen nur durch solche Größen, die bei der Berechnung von Tx aufgetreten sind, definierte) Funktion $\tilde{\delta}$ bekannt ist, so daß

$$\|\Gamma(x)F(Tx)\| \leq \tilde{\delta}(x) \leq \delta(h(x))\xi(x) \text{ für alle } x\varepsilon D_o \text{ mit } Tx\varepsilon U \qquad (15)$$

gilt. Die Abschätzungen

$$\xi(Tx) \leq \tilde{\delta}(x)/[1-2M_2(x)\|Tx-x\|] =: \tilde{\xi}(Tx) \leq \beta(h(x))\xi(x) \text{ und}$$

$$h(Tx) = (1/[1-2M_2(x)\|Tx-x\|])(M_\mu(x)\tilde{\xi}(Tx)^{\mu-1}) =: \tilde{h}(Tx) \leq Ah(x)$$

zeigen, daß

$$\text{(F1')} \quad \|x^*-x_{k+1}\| \leq \varphi(\tilde{h}(x_{k+1}))\tilde{\xi}(x_{k+1}) \quad (k = 0,1,\ldots)$$

einerseits eine Vergröberung von (F1) (mit $h_{k+1} = h(x_{k+1})$), andererseits eine Verschärfung von (F3) darstellt.

6. Im folgenden Spezialfall, der die Ordnung des Verfahrens (5) berücksichtigt, läßt sich die Berechnung der Fehlerschranken vereinfachen, wenn man dabei eine Vergröberung in Kauf nimmt.

Gilt in (V1.1)

$$\delta(h) = (h^{(2)})^{p-1}\hat{\delta}(h) \text{ mit } \hat{\delta}(Ah) \leq \hat{\delta}(h) \text{ für alle } h\varepsilon H, \qquad (16)$$

so folgt durch Induktion

$$\beta(A^{\mu}h) \leq L(h)^{p^{\mu}}[1-2h^{(2)}(h)] \quad (\mu = 0,1,\ldots;\ h\varepsilon H) \qquad (17)$$

mit $L(h) = \beta(h)/[1-2h^{(2)}\gamma(h)] \leq 1$.

Damit ergeben sich aus (F2) bzw. (F3) für $\varphi = \varphi_o$ durch weiteres Abschätzen die Schranken

$$\text{(F2')} \quad \|x^*-x_{k+1}\| \leq \frac{[1-2h_o^{(2)}\gamma(h_o)]^{k+1}L(h_o)^{1+p+\ldots+p^k}}{1-[1-2h_o^{(2)}\gamma(h_o)]L(h_o)^{p^{k+1}}}\,\gamma(h_o)\xi_o$$

$$\text{(F3')} \quad \|x^*-x_{k+1}\| \leq \frac{[1-2h_k^{(2)}\gamma(h_k)]L(h_k)}{1-[1-2h_k^{(2)}\gamma(h_k)]L(h_k)^{p}}\,\gamma(h_k)\xi_k =: \rho_{k+1}.$$

Von Kleinmichel [11] werden in einem diesem Spezialfall sehr ähnlichen Satz die Schranken (F2') unter der Voraussetzung $x_o\varepsilon D_o$ und $S(x_1, \rho_1) \subset U$ angegeben. Darüberhinaus wird dort gezeigt, daß diese Schranken i.a. günstiger ausfallen als von Collatz [2,3] in einem allgemeinen Konvergenzsatz angegebene Abschätzungen.

3. Da es sich bei der Herleitung von Abschätzfunktionen

γ,δ bzw. $\tilde{\delta}$ um die Anwendung von weitgehend bekannten Techniken handelt, sollen im folgenden nur die Ergebnisse für einige spezielle Iterationsverfahren zusammengestellt werden.

BEISPIEL 1. Für feste $n\in\mathbb{N}$, $n \geq 1$ wird das durch

$$
\begin{aligned}
&F(x) + F'(x)d_1(x) = 0 \\
&F(x+\sum_{\mu=1}^{\nu} d_\mu(x)) + F'(x)d_{\nu+1}(x) = 0 \quad (\nu = 1,2,\dots,n-1) \\
&Tx = T_n x = x + \sum_{\mu=1}^{n} d_\mu(x)
\end{aligned}
\tag{18}
$$

definierte Iterationsverfahren der Gestalt (5) betrachtet (vergl. [1], [4], [14]).

Das Verfahren hat die Ordnung n+1 und mit $l = m = 1$ kann Satz 1 angewendet werden. Mit den durch

$$q_{\nu+1}(h) = q_\nu(h)[p_\nu(h)+p_{\nu-1}(h)] \quad (\nu = 1,2,\dots,n),\ q_1(h) = p_1(h)= 1,$$
$$p_0(h) = 0,$$
$$p_{\nu+1}(h) = p_\nu(h)+h^\nu q_{\nu+1}(h) = 1 + hp_\nu(h)^2 \quad (\nu = 1,2, \dots, n-1),$$
$$\gamma(h) = p_n(h),\ \delta(h) = h^n q_{n+1}(h) = 1-\gamma(h)+h\gamma(h)^2$$

rekursiv definierten syntonen Funktionen γ,δ ist (V1.1) erfüllt. Wegen

$$\|\sum_{\mu=1}^{\nu} d_\mu(x)\| \leq p_\nu(h(x))\xi(x) \leq \gamma(h(x))\xi(x) \text{ für alle } x\varepsilon D_0$$

$(\nu = 1,2,\dots,n-1)$ ist auch (V1.2) richtig. Für jedes feste $n \geq 1$ ist $H = [0,\frac{1}{4}]$, und $\varphi : H \to \mathbb{R}^+$, definiert durch $\varphi(h) = 2/[1+\sqrt{1-4h}\,]$ $(\leq \varphi_0(h))$ ist syntone Lösung der Funktionalgleichung (10) in H. Weiter erfüllt $\tilde{\delta}$, definiert durch

$$\tilde{\delta}(x) \leq M_2(x)\|d_n(x)\| \, [2\|\sum_{\mu=1}^{n-1} d_\mu(x)\| + \|d_n(x)\|] \tag{19}$$

die Ungleichung (15). Schließlich gilt mit $p = n+1$ und $\hat{\delta}(h) = q_{n+1}(h)$ auch (16), denn es ist q_{n+1} synton und

$Ah \leq h$ für alle $h \epsilon H$.

Für $n = 1$ ist Satz 1 mit dem bekannten Satz von Kantowitsch für das Newton-Verfahren identisch. Die Schranken (F3), (F4) und (F1') stimmen dann überein.

Das durch

$$\begin{aligned} F(y) + F'(y)d(y) &= 0, \\ \hat{T}y &= y + d(y) \end{aligned} \tag{20}$$

definierte vereinfachte Newton-Verfahren läßt sich als Grenzfall ($k = 0$, $n \to \infty$) des Verfahrens (18) auffassen, denn für $y_o = x_o$ ist $y_n = \hat{T}y_{n-1} = x_o + \sum_{\mu=1}^{n} d_\mu(x_o)$ $(n = 1,2,..)$. Wenn man (V3) durch (V3') ersetzt, folgt aus Satz 1

SATZ 2. Für y_o sei $S = S(y_o, \varphi(h(y_o))\xi(y_o)) \subset U$. Dann ist das durch (20) definierte Verfahren $y_{n+1} = \hat{T}y_n$, ausgehend von y_o, unbeschränkt ausführbar. Die Folge $\{y_n\}$ konvergiert gegen eine Lösung y^* von $F(y) = 0$ und mit $f_n = M_2(y_o)\|y_{n+1}-y_n\|$, $g_n = M_2(y_o)\|y_n-y_o\|$ gelten die Fehlerabschätzungen

$$\|y^*-y_{n+1}\| = \varphi\left(\frac{(2g_n+f_n)f_n}{(1-2g_{n+1})^2}\right)\frac{2g_n+f_n}{1-2g_{n+1}}\|y_{n+1}-y_n\| \quad (n = 0,1,..) \tag{21}$$

BEWEIS. Mit $x_o = y_o$ sind alle Voraussetzungen von Satz 1 erfüllt. Die durch (5),(18) definierte Folge $\{x_k\}$ konvergiert gegen eine Lösung x^* von $F(x) = 0$. (F4) hat für $k=0$ die Gestalt

$$\|x^*-x_1\| = \|x^*-y_n\| \leq [\varphi(h(y_o))-p_n(h(y_o))]\xi(y_o). \tag{22}$$

Wegen $\lim_{n\to\infty} p_n(h) = \varphi(h)$ für alle $h\varepsilon H$ existiert $y^* = \lim_{n\to\infty} y_n = x^*$. Mit (19) erhält man aus (F1') die Schranken (21).

BEMERKUNG. Unter den Voraussetzungen des Satzes 2 ist $\{t_n\}$, definiert durch $t_n = p_n(h(y_o))\xi(y_o)$ eine Majorante für $\{y_n\}$, die auch von Dennis [4] und Rheinboldt [12] angegeben wird. Die Abschätzung $\|y^*-y_n\| \leq t^*-t_n$ ist mit (22) identisch und wird durch (21) verschärft. Durch Kombination der Ergebnisse von Satz 1 und Satz 2 stehen Konvergenzaussagen und Fehlerabschätzungen auch für Verfahren $x_{k+1} = T_{n_k} x_k$ $(k = 0,1,\ldots; n_k \varepsilon \mathbb{N},\ n_k \geq 1)$, wie sie in [1] und [4] untersucht werden, zur Verfügung.

Das typische Verhalten der Schranken (21) bzw. (22) soll am folgenden einfachen Beispiel demonstriert werden. Für $F(x) = x+6-6\cosh x$, $y_o = 0.5$, $U = S(0.5, 0.2)$ sind mit $\xi_o \leq 0.125$, $h_o \leq 0.2214$, $\varphi(h_o) \leq 1.495$ alle Voraussetzungen von Satz 2 erfüllt. Das vereinfachte Newtonsche Verfahren konvergiert gegen $y^* = 0.330\,318\,946\ldots$ und für $|y^*-y_k|$ erhält man die Schranken

k	nach (22)	nach (21)	exakt
1	6.2₁₀-2	6.2₁₀-2	4.5₁₀-2
5	8.2₁₀-3	3.6₁₀-3	2.6₁₀-3
10	9.9₁₀-4	13.6₁₀-5	9.9₁₀-5
15	1.3₁₀-4	5.3₁₀-6	3.8₁₀-6

BEISPIEL 2. Für festes $n\varepsilon\mathbb{N}$, $n \geq 1$ wird durch

$$F(x) + F'(x)d_1(x) = 0$$

$$F(x) + F'(x)d_\nu(x) + \sum_{\mu=2}^{\nu} \frac{1}{\mu!} F^{(\mu)}(x)d_{\nu-1}^{\mu}(x) = 0 \quad (\nu = 2,3,\ldots,n) \qquad (23)$$

$$Tx = x + d_n(x)$$

eine Verschärfung des Newton-Verfahrens definiert, die auf E.Schröder zurückgeht (vergl. z.B. [3]). Von den bereits in [9] angegebenen Abschätzfunktionen $\gamma,\delta,\tilde{\delta}$ ($l=m=n$, $p=n+1$) sollen hier nur diejenigen für das sog. Tschebyscheff-Verfahren ($n=2$, $h = (f,g)^T$) als Beispiel dienen: Mit

$\gamma(h) = 1+f$ und

$\delta(h) = (2+f)f^2+(1+f)^3g = 1-\gamma(h)+f\gamma(h)^2+(1+f)^3g$

ist Voraussetzung (V1.1) erfüllt. Wegen $V \subset D(T)$ gilt auch (V1.2). Es ist

$H = \{(f,g)\in R_2^+ : f \leq \frac{1}{4} \wedge g \leq (1-4f)(1-f-f^2)/(1+f)^2 \wedge g < 1\}$.

Mit $\tilde{\delta}(x) = M_2(x)\|d_2(x)-d_1(x)\|[\|d_1(x)\| + \|d_2(x)\|]$ gilt (15) und mit $p=3$, $\hat{\delta}(h) = (2+f)+(1+f)^3g/f^2$ schließlich auch (16).

BEISPIEL 3. Für festes $n\in\mathbb{N}$, $n \geq 1$ wird durch

$$F(x) + F'(x)d_1(x) = 0$$

$$F(x) + [F'(x) + \sum_{\mu=2}^{\nu} \frac{1}{\mu!} F^{(\mu)}(x)d_{\nu-1}^{\mu-1}(x)]d_\nu(x) = 0 \quad (\nu=2,3,\ldots,n) \qquad (24)$$

$$Tx = x + d_n(x)$$

eine weitere Verschärfung des Newton-Verfahrens definiert (vergl. [14]). Das Verfahren ist ebenfalls von der Ordnung $p = n+1$ und mit $l = m = n$ kann wie im Beispiel 2 Satz 1 angewendet werden. (Eine Reihe von Abschätzungen dazu findet man z.B. bei Döring [6].) Für den wichtigsten Fall $n=2$

(Verfahren von Halley) ist mit $(h = (f,g)^T)$

$\gamma(h) = 1/(1-f)$ und

$\delta(h) = \gamma(h)^2 f^2 + \gamma(h)^3 g = 1-\gamma(h)+f\gamma(h)^2 + \gamma(h)^3 g$

Voraussetzung (V1.1) erfüllt. (V1.2) gilt, da aus

$\|\frac{1}{2}\Gamma(x)F''(x)d_1(x)\| \leq f(x) < 1$ nach dem Satz von Banach die Existenz von

$$(\Gamma(x)[F'(x) + \tfrac{1}{2}F''(x)d_1(x)]) = [I + \tfrac{1}{2}\Gamma(x)F''(x)d_1(x)]^{-1}$$

folgt. H läßt sich durch

$$H = \{(f,g)\varepsilon\mathbb{R}_2^+: \; f \leq \tfrac{1}{4} \wedge g \leq (1-4f)(1-2f)(1-f) \wedge g < 1\}$$

beschreiben. Mit

$\tilde{\delta}(x) = M_2(x)\|d_2(x)-d_1(x)\|\|d_2(x)\| + M_3(x)\|d_2(x)\|^3$ ist (15) und mit $p = 3$, $\hat{\delta}(h) = \gamma(h)^2 + \gamma(h)^3 g/f^2$ auch (16) erfüllt.

<u>BEISPIEL 4.</u> Ein von Kleinmichel [10] vorgeschlagenes Verfahren der Ordnung $p = 3$ ist durch

$$\begin{aligned} &F(x) + F'(x)d_1(x) = 0 \\ &F(x) + F'(x+\tfrac{1}{2}d_1(x))d_2(x) = 0 \qquad (25) \\ &Tx = x + d_2(x) \end{aligned}$$

definiert. Wie in [9] gezeigt wird, sind mit $(h = (f,g)^T)$

$\gamma(h) = 1/(1-f)$ und

$\delta(h) = \gamma(h)^2 f^2 + [\frac{3}{4}\gamma(h) + \gamma(h)^3]g = 1-\gamma(h)+f\gamma(h)^2 + [\frac{3}{4}\gamma(h)+\gamma(h)^3]g$

die Voraussetzungen (V1.1) und (V1.2) erfüllt. Für H ergibt sich

$$H = \{(f,g)\varepsilon\,\mathbb{R}_2^+: \; f \leq \tfrac{1}{4} \wedge g \leq (1-4f)(1-2f)(1-f)/(1+\tfrac{3}{4}(1-f)^2) \wedge g < \tfrac{4}{7}\}.$$

Mit $\tilde{\delta}(x) = M_2(x)\|d_2(x)\|\|d_2(x)-d_1(x)\|$

$$+ M_3(x)\|d_2(x)\|[\tfrac{3}{4}\|d_1(x)\|^2 + \|d_2(x)\|^2]$$

gilt (15) und mit $p=3$, $\hat{\delta}(h) = \gamma(h)^2+[\frac{3}{4}\gamma(h)+\gamma(h)^3]g/f^2$ auch (16).

BEISPIEL 5. Für das durch

$$Tx = x - 2d_1(x)/(1+\sqrt{1-4d_1(x)d_2(x)}) \quad \text{mit}$$
$$d_1(x) = F(x)/F'(x), \; d_2(x) = \frac{1}{2} F''(x)/F'(x)$$

definierte Newton-Raphson-Verfahren 2.Grades (vergl.[14]) ist in $(\mathbb{R},|.|)$ mit $(h = (f,g)^T)$

$\gamma(h) = 2/(1+\sqrt{1-4f})$, $\delta(h) = \gamma(h)^3 g$

die Voraussetzung (V1.1) erfüllt ($l = m = 2$). Wegen $V_o \subset D(T)$ gilt auch (V1.2). Es ist

$H = \{(f,g)\varepsilon R_2^+ : \; f \leq \frac{1}{4} \wedge g \leq [1-2f\gamma(h)]^2/\gamma(h)^3 \wedge g < 1\}$.

Mit $\delta(x) = M_3(x)|Tx-x|^3$ gilt (15) und mit $p = 3$ und $\hat{\delta}(h) = \gamma(h)^3 g/f^2$ auch (16).

BEMERKUNG. In den Beispielen 2-5 scheint die jeweils zugehörige Funktionalgleichung (10) nicht in geschlossener Form lösbar zu sein und man wird daher φ_o oder Iterierte des Verfahrens (14) verwenden. Eine Lösung φ der Funktionalungleichung (10) mit den Eigenschaften

$\varphi(h) < \varphi_o(h) = \gamma(h)/(1-\beta(h))$ für alle $h\varepsilon H\backslash\{(o,o)\}$, (26)

φ erfüllt für $h = (f,o)^T \varepsilon H$ und $h = (o,g)^T \varepsilon H$ die Funktionalgleichung (10) (27)

läßt sich in der folgenden Weise angeben. Die Abbildungen A,β,γ sind in den Beispielen 2-5 von der Gestalt

$\gamma(f,o) = \gamma_o(f)$, $\gamma(o,g) = 1$,

$\beta(f,o) = (1-\gamma_o(f)+f\gamma_o(f)^2)/(1-2f\gamma_o(f)) = \beta_o(f)$, $\beta(o,g) = cg$,

$$Ah = \begin{vmatrix} A_o(h) \\ A_1(h) \end{vmatrix}, \quad \begin{matrix} A_o(f,o) = \beta_o(f)f/(1-2f\gamma_o(f)) = a_o(f), \quad A_o(o,g) = 0, \\ A_1(o,g) = c^2g^3, \quad A_1(f,o) = 0 \end{matrix}$$

mit $c = 1$ in den Beispielen 2,3 und 5 und $c = 7/4$ im Beispiel 4.

ψ_o: $[0,\frac{1}{4}] \to R^+$, definiert durch $\psi_o(f) = 2/(1+\sqrt{1-4f})$ bzw.

ψ_1: $[0,\frac{1}{c}] \to R^+$, definiert durch $\psi_1(g) = \sum_{\nu=o}^{\infty} (cg)^{(3^{\nu+1}-1)/2}$,

lösen die Funktionalgleichungen

$\psi_o(a_o(f))\beta_o(f)+\gamma_o(f) = \psi_o(f)$ bzw. $\psi_1(c^2g^3)cg + 1 = \psi_1(g)$.

Wie man durch Einsetzen nachprüft, löst $\varphi: H \to R^+$, definiert durch

$$\varphi(h) = \frac{1}{1-\beta(h)}\{\gamma(h)-\beta(h)[\psi_o(f)-\psi_o(A_o(h))+\psi_1(g)-\psi_1(A_1(h))]\}$$

die Funktionalungleichung (10) in H und es gilt (27). Aus $A_o(h) \leq f$ und $A_1(h) < g$ für alle $h \in H \setminus \{(o,o)\}$ folgt, da ψ_o und ψ_1 streng synton sind, die Ungleichung (26).

LITERATUR

1. Bartle,R.: Newton's method in Banach spaces. Proc.Amer. Math.Soc.6(1955),827-831.

2. Collatz,L.: Näherungsverfahren höherer Ordnung für Gleichungen in Banach-Räumen. Arch.Rational Mech.Anal 2 (1958),66-75.

3. Collatz,L.: Funktionalanalysis und Numerische Mathema-

tik. Berlin-Heidelberg-New York: Springer 1964.

4. Dennis,J.: On the Kantorovich hypothesis for Newton's method. SIAM J.Numer.Anal.6(1969),493-507.

5. Dennis,J.: Toward a Unified Convergence Theory for Newton-Like Methods. In: Rall,L.: Nonlinear Functional Analysis and Applications. New York: Academic Press 1971.

6. Döring,B.: Über einige Klassen von Iterationsverfahren in Banach-Räumen. Math.Ann.187(1970),279-294.

7. Döring,B.: Das Tschebyscheff-Verfahren in Banach-Räumen. Numer.Math.15(1970),175-195.

8. Hoyer,W.: Das Majorantenprinzip bei Mehrschritt-Iterationsverfahren. Beiträge Numer.Math.2(1974),39-60.

9. Kornstaedt,H.-J.: Funktionalungleichungen und Iterationsverfahren. Erscheint in: aequationes mathematicae.

10. Kleinmichel,H.: Stetige Analoga und Iterationsverfahren für nichtlineare Gleichungen in Banachräumen. Math.Nachr.37(1968),313-344.

11. Kleinmichel,H.: Konvergenzaussagen und Fehlerabschätzungen für eine Klasse von Iterationsverfahren. Beiträge Numer.Math.1(1974),61-74.

12. Ortega,J.M. and Rheinboldt,W.C.: Iterative Solution of Nonlinear Equations in Several Variables. London-New York: Academic Press 1970.

13. Rheinboldt,W.C.: A Unified Convergence Theory for a Class of Iterative Processes. SIAM J.Numer.Anal.5 (1968),42-63.

14. Traub,J.F.: Iterative Methods for the Solution of Equations. Englewood Cliffs,N.J.: Prentice Hall 1964.

Hans-Joachim Kornstaedt

Fachbereich Mathematik
der Technischen Universität Berlin

D-1 Berlin 12
Straße des 17.Juni 135

ISNM 28 Birkhäuser Verlag, Basel, 1975

CURVED BOUNDARIES IN THE FINITE ELEMENT METHOD

Andrew R Mitchell

Blending function interpolants are constructed to pick up all the boundary data (Dirichlet) on rectangular regions. When used in conjunction with the Finite Element Method they lead to increased accuracy with rectangular elements. Transfinite mappings are described which can be used along with blending interpolants to match essential boundary conditions on curved boundaries. The relative merits of isoparametric elements and direct methods for dealing with curved boundaries are discussed and particular examples given in the cases of linear, quadratic, and cubic approximation.

1. Introduction. The exact matching of essential (Dirichlet) boundary conditions is one of the most difficult problems in the Finite Element Method (F.E.M.). The inability of piecewise polynomials to satisfy these conditions exactly, especially on curved boundaries, has led to a variety of approximate methods. Before dealing with curved boundaries, however, we shall examine the merit or otherwise of picking up all the boundary data on polygonal regions.

2. Blending Function Interpolants. We first consider a region bounded by straight sides parallel to the x and y axes divided up into rectangular elements. There are only three types of element: (1) completely internal, (2) one side on the boundary, (3) two sides on the boundary (corner elements). For convenience, every element will be transformed into the standard square element $[0,h] \times [0,h]$, denoted by S. The interpolants used in the above three cases on S are

$$u_1(x,y) = (1 - \frac{x}{h})(1 - \frac{y}{h})f(0,0) + (1 - \frac{x}{h})\frac{y}{h} f(0,h) + \frac{x}{h}(1 - \frac{y}{h})f(h,0) + \frac{x}{h}\frac{y}{h} f(h,h), \tag{2.1}$$

$$u_2(x,y) = (1 - \frac{y}{h})f(x,0) + (1 - \frac{x}{h})\frac{y}{h} f(0,h) + \frac{x}{h}\frac{y}{h} f(h,h), \tag{2.2}$$

$$u_3(x,y) = (1 - \frac{x}{h})f(0,y) + (1 - \frac{y}{h})f(x,0) + \frac{x}{h}\frac{y}{h} f(h,h) - (1 - \frac{x}{h})(1 - \frac{y}{h})f(0,0) \qquad (2.3)$$

respectively. These are special cases of more general blended interpolants introduced by Gordon [2] and are represented in Fig.1, where × and - represent points and lines respectively at which the function $f(x,y)$ is matched. From (2.1), (2.2), and (2.3), $U(x,y)$, an

Fig. 1

overall interpolant for the region, is obtained which matches exactly the boundary information on the perimeter of the region, for any value of the grid spacing h, and involves U_i, the values of $U(x,y)$ at the internal grid points, as parameters.

Numerical solutions are now sought for the model boundary value problem consisting of

$$\frac{\partial^2 u}{\partial x^2} + \frac{\partial^2 u}{\partial y^2} = 0 \qquad (x,y) \in \Omega \equiv (0,1) \times (0,1)$$

$$u = g \qquad (x,y) \in \partial\Omega \qquad (2.4)$$

where first a source is located just outside the region (Problem 1), and second the boundary conditions are periodic (Problem 2). These two problems were solved by the Galerkin version of the F.E.M. using an exact boundary interpolant and then a discretised boundary interpolant. Full details of these calculations are given in Marshall and Mitchell [4]. The maximum modulus solution on the 16 element grid is quoted in each case and compared with the theoretical solution.

Problem 1

No of rectangular elements	Discretised	Exact
16	-2.5747	-2.5918
64	-2.5875	-2.5915

Theoretical Solution -2.5913

Problem 2

No of elements	Discretised	Exact
16	0.3013	0.3383
64	0.3266	0.3353

Theoretical Solution 0.3345 ($\sin 4x\, e^{-4y}$ at $x = \frac{1}{2}$, $y = \frac{1}{4}$)

As might have been expected, a solution of improved accuracy is obtained using the exact boundary interpolant. In both problems, the solution using the exact boundary interpolant with 16 elements is more accurate than the solution using the discretised boundary interpolant with 64 elements.

The square region Ω is now divided up into triangles according to Fig.2 and each triangle is mapped by a simple linear transformation onto the

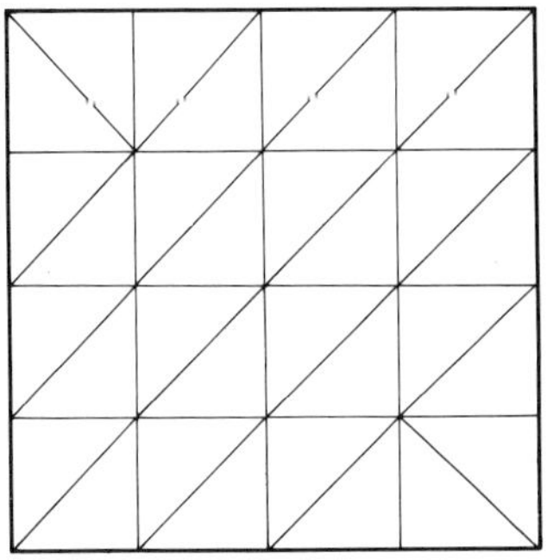

Fig. 2

standard triangle with vertices at the points (h,0), (0,h), (0,0). This time there are only two types of element: (1) completely internal, (2) one side on the boundary, and these are illustrated in Fig.3.

Fig. 3

The interpolants are

$$u_1(x,y) = (1 - \frac{x}{h} - \frac{y}{h})f(0,0) + \frac{x}{h} f(h,0) + \frac{y}{h} f(0,h) \quad (2.5)$$

$$u_2(x,y) = (1 - \frac{y}{h})f(\frac{hx}{h-y}, 0) + \frac{y}{h} f(0,h) \quad (2.6)$$

respectively. From (2.5) and (2.6), U(x,y) an overall interpolant for the region in Fig.2 is obtained which again matches exactly the boundary information on the

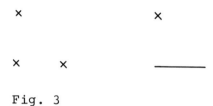

perimeter of the region. Problem 2 only is solved using an exact boundary interpolant followed by a discretised boundary interpolant on triangular elements. The numerical results obtained for the solution at $x = 1/1$, $y = 1/4$ are

Problem 2

No of triangular elements	Discretised	Exact
32	0.3634	0.3935
128	0.3421	0.3498
288	0.3379	0.3406
512	0.3364	0.3384

Theoretical Solution 0.3345

This time we have the apparently surprising result that the discretised boundary interpolant gives more accurate results than the exact boundary interpolant.

3. Transfinite Mappings. We now turn to regions with curved boundaries and examine the possibility of mapping a closed region in the (x,y) plane onto the square of side unity in the (p,q) plane. (Fig.4) The required mapping is $\underline{T}: S \to R$ where $S = [0,1] \times [0,1]$, and $\underline{T}$ is given by

$$\underline{T}(p,q) = \begin{matrix} x(p,q) \\ y(p,q) \end{matrix} \qquad (3.1)$$

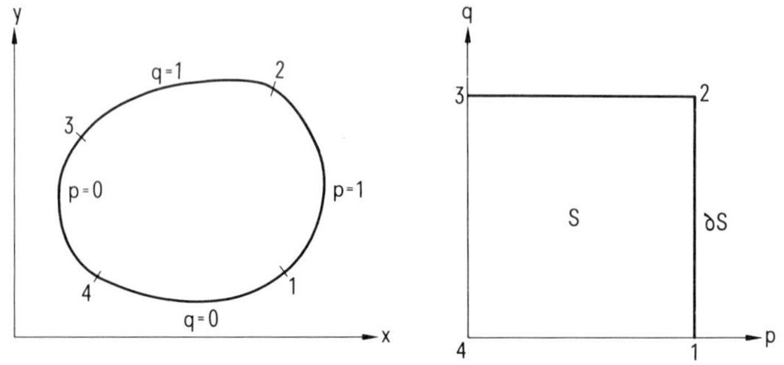

Fig. 4

Let the four curved parts of ∂R be given by $\underline{F}(1,q)$, $\underline{F}(p,1)$, $\underline{F}(0,q)$ and $\underline{F}(p,0)$ respectively and so the corner points of ∂S correspond to the four points of ∂R with co-ordinates $\underline{F}(1,0)$, $\underline{F}(1,1)$, $\underline{F}(0,1)$, and $\underline{F}(0,0)$ respectively. Gordon and Hall [3] define a bilinearly blended transfinite map $\underline{T}(p,q)$ given by

$$\underline{T}(p,q) = (1-p)\underline{F}(0,q) + p\underline{F}(1,q) + (1-q)\underline{F}(p,0) + q\underline{F}(p,1) \tag{3.2}$$

$$-(1-p)(1-q)\underline{F}(0,0) - (1-p)q\underline{F}(0,1) - p(1-q)\underline{F}(1,0) - pq\underline{F}(1,1)$$

where $\underline{T} \equiv \underline{F}$ for points (p,q) on ∂S. The mapping $\underline{T}$

has to be found and it is such that

$$J = \begin{vmatrix} \frac{\partial x}{\partial p} & \frac{\partial x}{\partial q} \\ \frac{\partial y}{\partial p} & \frac{\partial y}{\partial q} \end{vmatrix} \neq 0 .$$

for all points in the region. Zienkiewicz and Phillips [10] use point transformations in place of (3.1) and so the original curved boundary is implicitly replaced by parabolic or cubic curves.

Transfinite mappings such as (3.2) can be used in conjunction with blending function interpolants to enable essential boundary conditions to be matched exactly on curved boundaries.

4. Isoparametric Elements. So far the interpolants, whether of blended or discrete type, have been kept entirely separate from the mappings. In isoparametric methods, however, the same formula is used for the map as for the interpolant and so for a curvilinear quadrilateral element with mapping formula (3.2), the bilinearly blended interpolation formula is

$$\begin{aligned} f(p,q) &= (1-p)f(0,q) + pf(1,q) + (1-q)f(p,0) + qf(p,1) \\ &-(1-p)(1-q)f(0,0) - (1-p)qf(0,1) - p(1-q)f(1,0) \\ &- pqf(1,1). \qquad (4.1) \end{aligned}$$

Since in most practical examples of isoparametric elements the mapping is dictated by the interpolation formula it follows that the mapping may be singular i.e. $J = 0$ along a curve inside the region.

In order to obtain practical interpolation formulae for use in the various versions of the F.E.M. (Ritz, Galerkin, Least Squares, Collocation, etc.), transfinite interpolants must be discretised in terms of a finite number of scalar parameters. Typical examples of this are shown in Section 2 in the form of the overall Lagrange interpolants of the rectangular region which are labelled exact or discretised respectively. If the map follows from the interpolation formula, then it will also involve a finite number of parameters which will be the co-ordinates of points in the region. Hence the map will be essentially a point transformation. The points must be selected, particularly on the boundary of the region in the fully discretised case, in such a way that the boundary curves implied by the point transformations of the elements adjacent to the boundary constitute a close approximation to the given curved boundary. This will now be illustrated with respect to a triangular element with two straight sides and one curved side [7]. Such elements are commonplace in a triangulation of a finite region with a curved boundary. The quadratic and cubic cases are illustrated in Fig.5 and 6 respectively.

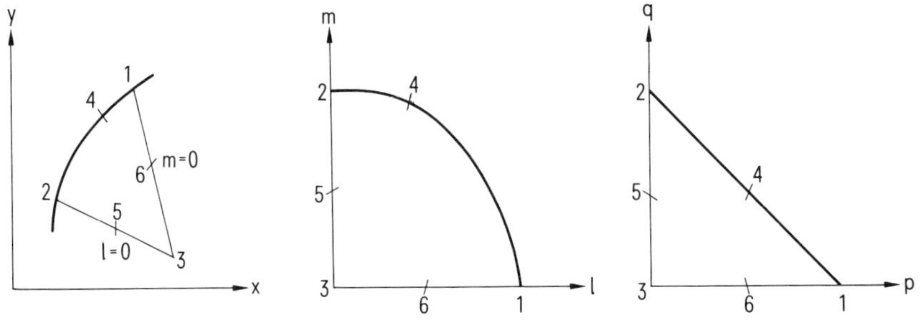

Fig. 5

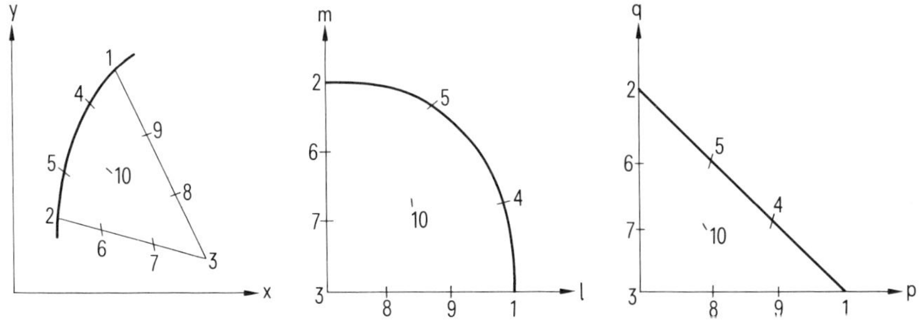

Fig. 6

In the quadratic case, if the point 4 has co-ordinates (X,Y), (L,M) and $(\frac{1}{2},\frac{1}{2})$ respectively in the three parts of Fig.5, then the transformation formulae are given by

$$\begin{aligned} l &= p + 2(2L-1)pq \\ m &= q + 2(2M-1)pq \end{aligned} \qquad (4.2)$$

and the implied curve passing through points 1, 4, and 2 is a parabola with equation

$$\begin{aligned} [(2M-1)l - (2L-1)m + (L-M+\alpha)]^2 &= [2\alpha(2M-1) + 1 - L - M]l \\ &+ [1 - L - M - 2\alpha(2L-1)]m + [(L-M+\alpha)^2 - (L+M-4LM)] \end{aligned} \qquad (4.3)$$

where

$$\alpha = \frac{(1-L-M)(L-M)}{(2L-1)^2 + (2M-1)^2} .$$

The problem remaining is the location of the point (L,M) on the original curved side to make the parabola (4.2) a reasonable approximation to the original curve.

In the cubic case, the points 4, 5, and 10 have co-ordinates

$$(X_4, Y_4),\ (X_5, Y_5),\ \text{and}\ (X_{10}, Y_{10})$$

$$(L_4, M_4),\ (L_5, M_5),\ \text{and}\ (L_{10}, M_{10})$$

and

$$(\tfrac{2}{3}, \tfrac{1}{3}),\ (\tfrac{1}{3}, \tfrac{2}{3})\ \text{and}\ (\tfrac{1}{3}, \tfrac{1}{3})$$

respectively. This time the transformation formulae are given by

$$\begin{aligned} l &= p + \frac{9}{2}(6L_{10} - L_4 - L_5 - 1)pq + \frac{27}{2}(L_4 - 2L_{10})p^2q \\ &\quad + \frac{27}{2}(L_5 - 2L_{10} + \frac{1}{3})pq^2 \\ m &= q + \frac{9}{2}(6M_{10} - M_4 - M_5 - 1)pq + \frac{27}{2}(M_4 - 2M_{10} + \frac{1}{3})p^2q \\ &\quad + \frac{27}{2}(M_5 - 2M_{10})pq^2 \end{aligned} \tag{4.4}$$

and the implied curve passing through points 1, 4, 5, and 2 is a cubic curve. If we choose

$$L_4 = L_5 + \frac{1}{3}$$

$$M_5 = M_4 + \frac{1}{3}$$

the cubic curve degenerates into a unique parabola through the four points (1,0), (L_4, M_4), (L_5, M_5), and (0,1), and if in addition

$$L_4 = 2L_{10}$$

$$M_5 = 2M_{10} ,$$

the transformation formulae (4.4) reduce to

$$l = p + 9(L_{10} - \frac{1}{3})pq$$

$$m = q + 9(M_{10} - \frac{1}{3})pq$$

and the equation of the parabola is given by (4.3) where this time

$$4L = 9L_{10} - 1$$

$$4M = 9M_{10} - 1 .$$

In [7], examples of arbitrary curved sides were chosen and matching parabolic arcs obtained. In all examples, a parabola was found which lay close to the original curve. Particularly in the cubic case, the isoparametric cubic curve was often a poor approximation to the original curve. Numerical results in [1] underline the fact that <u>isoparametric elements are extremely sensitive to distortion from basic triangular shape.</u>

5. <u>Direct Methods</u>. In sections 3 and 4, we have considered transformation methods for dealing with curved boundaries. Such methods suffer from two major disadvantages; (1) the Jacobian of the trans-

formation may vanish inside the region, and (2) the boundary curves implied by the point transformation may constitute a poor approximation to the original boundary. We now look at direct methods of constructing basis functions for regions with curved boundaries, and in particular examine a triangular element with two straight sides and one curved side in the physical plane. We shall investigate basis functions which give (i) linear and (ii) higher order approximation in the triangular element.

(i) Linear approximation. A linear form has three independent parameters, and so is uniquely determined at any three non-collinear points of a curve of order higher than one. Hence four points, as illustrated in Fig.7, where l and m are the normalised linear forms of the straight sides in the triangular element, are required at which to locate suitable basis functions for linear approximation. Also quadratic arcs are usually sufficiently versatile to adequately represent material interfaces or region boundaries, and so we shall consider the curved side in Fig.7 to be the general conic

$$f(l,m) \equiv al^2 + blm + cm^2 - (a+1)l - (c+1)m + 1 = 0.$$

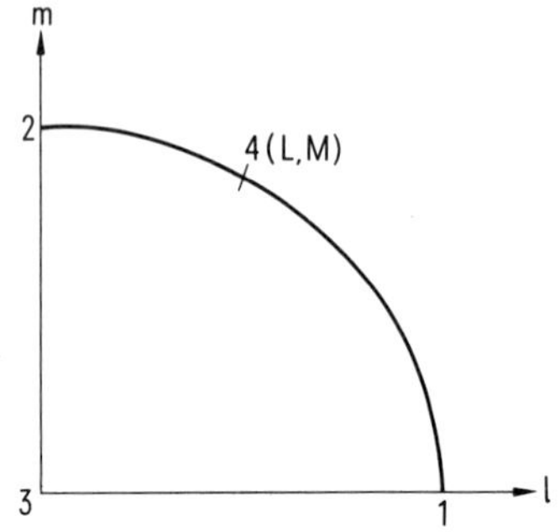

Fig. 7

It is shown in McLeod and Mitchell [5,8] that basis functions $W_i (i = 1,2,3,4)$ suitable for linear approximation in the triangle with 2 straight sides and one curved side are given by

$$\alpha W_3^2 + [\alpha(l+m-1) + (al+cm-1)]W_3 + f(l,m) = 0 \quad (5.1)$$

together with

$$\begin{aligned} W_1 + W_2 + W_4 &= 1 - W_3 \\ W_1 + LW_4 &= 1 \\ W_2 + MW_4 &= 1 , \end{aligned} \quad (5.2)$$

where α is an arbitrary parameter, and (L,M) is a node on the curved side. When $\alpha = 0$, from (5.1) and (5.2) we recover the rational basis functions of

Wachspress [10]. If in addition, $a = c = 0$, then

$$W_3 = blm - l - m + 1 ,$$

where $b = \frac{L+M-1}{LM}$. Here the basis functions are polynomials, and the curve through the points 1, 4, and 2 is the hyperbola

$$blm - l - m + 1 = 0 . \qquad (5.3)$$

Piecewise hyperbolic arcs, based on (5.3), can be used to approximate a curved interface or boundary, and still permit polynomial basis functions. When $\alpha \neq 0$, from (5.1),

$$W_3 = -\frac{1}{2\alpha}[\alpha(l+m-1) + (al+cm-1) + [\{\alpha(l+m-1) - (al+cm-1)\}^2 + 4\alpha(a+c-b)lm]^{\frac{1}{2}}] ,$$

which reduces to $1 - m$ when $l = 0$, and to $1 - l$ when $m = 0$, and is zero on the general conic

(ii) Higher order approximation. A quadratic form has six independent parameters, and so is uniquely determined at any six points of a curve of order higher than two. Three points are required on a line to determine a quadratic form and five points on a conic. Hence eight points, as illustrated in Fig.8a are required at which to locate suitable basis functions for quadratic approximation in a triangular element with two straight sides and one curved side, the latter being the general conic. If the curved side is a cubic curve, then nine points are required as illustrated in Fig.8b. Finally for cubic approximation in a triangle with two straight sides and a general conic as a third side, twelve points are required as shown in Fig.8c. The basis of functions for higher order approximation in curved triangular elements are given in a paper under preparation by McLeod and Mitchell [6].

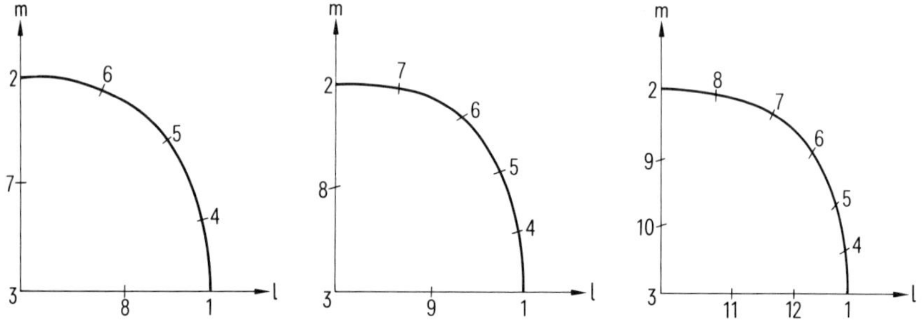

Fig. 8

6. <u>Curved Surfaces</u>. The handling of regions in three dimensional space bounded by curved surfaces using the F.E.M. is still far from satisfactory. The method commonly in use involves isoparametric transformations. The original region is divided up into hexahedral elements, the elements adjacent to the boundary having at least one curved face. Isoparametric transformations (see Section 4) transform each element into the standard unit cube and the calculations are carried out in the transformed space. The original curved surface has now been replaced implicitly by another curved surface having selected points in common with the original. Unfortunately one rarely has any idea of how good an approximation the implied surface is to the original, and so there is no guide as to the accuracy of the results obtained using isoparametric elements for curved regions in three dimensional space.

References.

[1] Bond, T.J., J.H. Swannell, R.D. Henshell, and G.B. Warburton. A comparison of some curved two-dimensional finite elements. Journal of Strain Analysis 8, 182-190 (1973).

[2] Gordon, W.J. Blending-function methods of bivariate and multivariate interpolation and approximation. SIAM Numer. Anal. 8, 158-177 (1971).

[3] Gordon, W.J. and C.A. Hall. Transfinite element methods: blending-function interpolation over arbitrary curved element domains. Numer. Math. 21, 109-129 (1973).

[4] Marshall, J.A. and A.R. Mitchell. An exact boundary technique for improved accuracy in the finite element method. JIMA 12, 355-362 (1973).

[5] McLeod, R. and A.R. Mitchell. The construction of basis functions for curved elements in the finite element method, JIMA 10, 382-393 (1972).

[6] McLeod, R. and A.R. Mitchell. Higher order approximation in curved elements. (in preparation).

[7] McLeod, R. and A.R. Mitchell. The use of parabolic arcs in matching curved boundaries in the finite element method. JIMA (to appear).

[8] Mitchell, A.R. and McLeod R. Curved elements in the finite element method. Lecture Notes in Mathematics No.363, Springer Verlag, 89-104 (1973).

[9] Wachspress, E.L. A rational basis for function approximation II curved sides. JIMA 11, 83-104 (1973).

[10] Zienkiewicz, O. and D. Phillips. An automatic mesh generation scheme for plane and curved surfaces by isoparametric co-ordinates. Int. J. Num. Meth. Eng. 3, 519-528 (1971).

Prof.A.R. Mitchell
University of Dundee
Department of Mathematics
Dundee DD1 4HN, Schottland

NUMERISCHE BEHANDLUNG DES MINIMALFLÄCHENPROBLEMS MIT FINITEN ELEMENTEN

H. D. Mittelmann

1. Einführung

Auf dem Rechteck $R \subset \mathbb{R}^2$ mit den kommensurablen Seiten a, b und dem Rand C betrachten wir das Variationsproblem

$$(1.1) \qquad I[v] = \int_R \sqrt{1 + v_x^2 + v_y^2}\, dg = \mathrm{Min}$$

Das Minimum des Funktionals wird gebildet über den Raum V der Lipschitzfunktionen auf R, die auf C vorgegebene Randwerte annehmen $v|_C = f|_C$.

Existenzsätze für dieses Problem werden u.a. in |12, 18| angegeben. Numerisch wurde (1.1) bereits häufig gelöst |1, 3, 4, 7, 1o|. Hierbei wurden Diskretisierungen der zugehörigen Eulergleichung oder des Variationsproblems sowie die Methode der isoparametrischen finiten Elemente verwendet. Die Konvergenz der erhaltenen Näherungslösung wurde nicht bewiesen, während solche Beweise für gleichmäßig elliptische Probleme z. B. in |6, 11| enthalten sind.

Für ein Differenzenverfahren auf einem Gitter bzw. die Methode der finiten Elemente mit linearen Ansatzfunktionen auf einer regulären Triangulation angewandt auf (1.1) wurden Konvergenzbeweise in |2, 5| angegeben, Unter relativ schwachen Voraussetzungen an die Regularität der Lösung ergaben sich Abschätzungen in bestimmten Sobolev-Normen, so in |5| z. B. die lineare Konvergenz der ersten Ableitungen in der L^2-Norm sowie quadratische Konvergenz in L^p, $1 \leq p < 2$ für die Werte der Näherungslösung. Es wird im folgenden bewiesen, daß auf einem regelmäßigen Gitter bei hinreichender Regularität der Lösung stärkere Konvergenzergebnisse, insbesondere in der Maximumnorm, erhalten werden können.

Zur näherungsweisen Lösung von (1.1) soll ein Gitter aus Quadraten der Seitenlänge h über R gelegt werden, d.h. für den Abschluß von R gelte

$$(1.2)\qquad \bar{R} = \bigcup_{j=1}^{L} e_j$$

e_j ist ein abgeschlossenes Quadrat mit den Eckpunkten P_{ji}, $i=1, \ldots, 4$

(1.3)

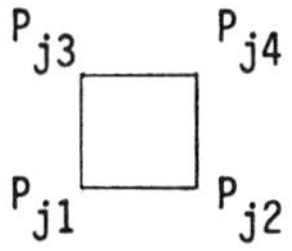

Im folgenden soll stets angenommen werden, daß die Maschenweite h aus einer Nullfolge $\{h_i\}_{i=1,2,\ldots}$ genommen sei mit ganzzahligen Quotienten a/h_i, b/h_i, $i = 1, 2, \ldots$.

Mit R_h bzw. C_h wird die Menge der Punkte $P_{ji} \in R$ bzw. C, $j = 1, \ldots, L$, $i = 1, \ldots, 4$ bezeichnet. Außer dieser Doppelindizierung sollen auf beliebige aber im folgenden feste Weise die Punkte aus R_h mit $P_1, \ldots, P_M$ und die aus C_h mit $P_{M+1}, \ldots, P_N$ numeriert werden. Auf e_j ist durch ihre Werte $v_{hji} = v_h(P_{ji})$, $i = 1, \ldots, 4$ eine bilineare Funktion

$$(1.4)\qquad v_h(x,y) = a_o + a_1x + a_2y + a_3xy$$

eindeutig bestimmt. Der Raum dieser Funktionen soll mit $Q_1(e_j)$ bezeichnet werden. Zur Approximation der Lösung von (1.1) wird dann der Funktionenraum

$$(1.5)\qquad V_h = \{v_h \in C(e),\ \ v_h|_{e_j} \in Q_1(e_j)\}$$

zugrundegelegt. Es sei

$$(1.6)\qquad V_h^{\,o} = \{v_h \in V_h,\ \ v_h|_{C_h} = 0\}$$

Weiterhin wird die Kubaturformel ($\doteq$ bedeutet "näherungsweise gleich")

$$\text{(1.7)} \qquad \int_R \Phi(x,y)dg \doteq \sum_{j=1}^{L} \sum_{i=1}^{4} \frac{h^2}{4} \Phi(P_{ji})$$

verwendet. Bei nur stückweise differenzierbarer Definition der Funktion wie in (1.5) sollen die Ableitungen im Punkt P_{ji} als einseitige Differentialquotienten mit Hilfe von Werten aus e_j definiert werden. Damit kann schließlich das diskrete Variationsproblem

$$\text{(1.8)} \qquad \begin{aligned} & I_h[v_h] = \sum_{j=1}^{L} \sum_{i=1}^{4} \frac{h^2}{4} \sqrt{1 + v_{hx}^2(P_{ji}) + v_{hy}^2(P_{ji})} = \text{Min} \\ & v_h \in V_h, \quad v_h|_{C_h} = f|_{C_h} \end{aligned}$$

eingeführt werden. Die Existenz einer eindeutigen Lösung u_h von (1.8) für festes $h > 0$ folgt leicht aus der Feststellung, daß $I_h[v_h]$ eine stetige, strikt konvexe Funktion ist, V_h endlichdimensional sowie $I_h[v_h] \to +\infty$ für $\max_{j,i} |v_{hji}| \to \infty$.

Auf $V \subset W^{1,2}(R)$ - $W^{k,p}(R)$ bezeichnet den Sobolev-Raum der Funktionen, die zusammen mit ihren verallgemeinerten Ableitungen k-ter Ordnung in $L^p(R)$ sind - werden die Normen bzw. Seminormen

$$\text{(1.9)} \qquad \begin{aligned} ||v||_{0,2,R} &= ||v||_{2,R} := (\int_R v^2 \, dg)^{1/2} \\ |v|_{1,2,R} &= (\int_R (v_x^2 + v_y^2) dg)^{1/2} \\ ||v||_{1,2,R} &= (||v||_{2,R}^2 + |v|_{1,2,R}^2)^{1/2} \end{aligned}$$

verwendet, sowie auf V_h^o bzw. V_h die entsprechenden diskreten Normen

$$||v_h||_{0,2,h} = ||v_h||_{2,h} := (h^2 \sum_{i=1}^{M} v_h^{\,2} (P_i))^{1/2}$$

(1.1o) $$|v_h|_{1,2,h} = (\sum_{j=1}^{L} \sum_{i=1}^{4} \frac{h^2}{4} (v_{hx}^{\,2}(P_{ji}) + v_{hy}^{\,2}(P_{ji})))^{1/2}$$

$$||v_h||_{1,2,h} = (||v_h||^2_{2,h} + |v_h|^2_{1,2,h})^{1/2}$$

Außerdem soll die Norm

(1.11) $$||v||_{\infty,\bar{R}} := \max_{P\in\bar{R}} |v(P)|$$

sowie für eine Gitterfunktion auf R_h

(1.12) $$v_h' = (v_h(P_1), \ldots, v_h(P_M))^T \in \mathbb{R}^M$$

die euklidische Norm

(1.13) $$||v_h'||_2 = (v_h'^T \, v_h')^{1/2}$$

betrachtet werden.

Das Hauptergebnis dieser Arbeit kann im folgenden Konvergenzsatz formuliert werden.

SATZ: Besitzt das Variationsproblem (1.1) eine hinreichend glatte Lösung, etwa $u \in C^4(\bar{R})$, so gelten für die Näherungslösung u_h von (1.8) die Konvergenzaussagen

$$||u - u_h||_{2,R} \leq c\, h^2$$

(1.14) $$||u - u_h||_{1,2,R} \leq c\, h$$

$$||u - u_h||_{\infty,\bar{R}} \leq c\, h^2$$

Hierbei bezeichnet, wie auch im folgenden, c eine von h unabhängige positive Konstante. An verschiedenen Stellen hat c i.a. auch verschiedene Werte; gelegentlich wird die Schreibweise c', c_i benutzt werden.

Im zweiten Paragraphen werden einige Hilfssätze angegeben. Anschließend wird der Konvergenzsatz bewiesen und der vierte Paragraph enthält die numerischen Resultate für zwei Minimalflächen, die die theoretischen Ergebnisse bestätigen.

2. Einige Hilfssätze

Zunächst wird das diskrete Funktional aus (1.8) näher betrachtet. Liegt der Mittelpunkt eines beliebigen Quadrates e_j o.B.d.A. im Ursprung des Koordinatensystems, so hat $v_h|_{e_j}$ die Darstellung (1.4) mit (der Index j wird zur Abkürzung fortgelassen)

$$\text{(2.1)}\quad \begin{aligned} a_o &= \frac{1}{4}\,(v_{h1} + v_{h2} + v_{h3} + v_{h4}) \\ a_1 &= \frac{1}{2h}\,(v_{h4} - v_{h3} + v_{h2} - v_{h1}) \\ a_2 &= \frac{1}{2h}\,(v_{h4} - v_{h2} + v_{h3} - v_{h1}) \\ a_3 &= \frac{1}{h^2}\,(v_{h4} - v_{h2} + v_{h1} - v_{h3}) \end{aligned}$$

und für die in e_j genommenen einseitigen Differentialquotienten gilt

$$\text{(2.2)}\quad \begin{aligned} v_{hx}(P_1) &= v_{hx}(P_2) = (v_{h2} - v_{h1})/h \\ v_{hy}(P_1) &= v_{hy}(P_3) = (v_{h3} - v_{h1})/h \\ v_{hx}(P_3) &= v_{hx}(P_4) = (v_{h4} - v_{h3})/h \\ v_{hy}(P_2) &= v_{hy}(P_4) = (v_{h4} - v_{h2})/h \end{aligned}$$

Das Funktional (1.8) ergibt sich also ebenfalls, wenn man (1.1) diskretisiert mit Hilfe der Kubaturformel (1.7) und dem Ersetzen der Differentialquotienten durch die Differenzenquotienten (2.2). Zur Definition der zweiten Differenzenquotienten wird die Doppelindizierung eingeführt, bei der v_{hij} den Wert von v_h auf dem Schnittpunkt P_{ij} der j-ten Spalte des Gitters mit der i-ten Zeile bezeichnet.

$$\nabla_{xx}\, v_h(P_{ij}) := (v_{hi+1,j} - 2v_{hij} + v_{hi-1,j}) \;/\; h^2$$

(2.3) $$\nabla_{yy}\, v_h(P_{ij}) := (v_{hi,j+1} - 2v_{hij} + v_{hi,j-1}) \;/\; h^2$$

$$\nabla_{xy}\, v_h(P_{ij}) := (v_{hi+1,j+1} - v_{hi-1,j+1} + v_{hi-1,j-1} - v_{hi+1,j-1}) \;/\; (4h^2)$$

sind dann die bekannten Differenzenoperatoren zweiter Ordnung. $\nabla_{xx}\, v_h$, $\nabla_{yy}\, v_h$ und $\nabla_{xy}\, v_h$ sind Gitterfunktionen auf R_h und können mit der Norm $||\cdot||_{2,h}$ aus (1.1o) versehen werden.

Die diskrete Eulergleichung des Funktionals $I_h[v_h]$ ist gegeben durch

(2.4) $$T_h[v_h] = (t_{hi}[v_h]) := \left(\frac{\partial I_h}{\partial v_{hi}} [v_h] \right) = 0 \qquad i = 1, \ldots, M$$

Dies ist ein nichtlineares Gleichungssystem, dessen Funktionalmatrix $dT_h[v_h]$ symmetrisch und positiv definit ist jedoch nicht global gleichmäßig positiv definit.

<u>LEMMA 1:</u> Auf V_h^o bzw. V_h gelten die Äquivalenzrelationen

(2.5) $$c_1 ||v_h||_{2,h} \leq ||v_h||_{2,R} \leq c_2 ||v_h||_{2,h}$$

$$c_3\, |v_h|_{1,2,h} \leq |v_h|_{1,2,R} \leq c_4 |v_h|_{1,2,h}$$

Beweis: Ähnlich wie in |1o| für eine Triangulation des Gebietes folgt der Beweis sofort aus der Endlichdimensionalität von V_h, der Tatsache, daß $v_{h|e_j}$, $v_{hx|e_j}$, $v_{hy|e_j}$ auf einer Teilmenge von $\{P_{ji}\}$, i = 1, ..., 4 eindeutig definiert sind sowie mit Hilfe einer Abbildung auf ein Einheitsquadrat mit von h unabhängiger Seitenlänge.

KOROLLAR: Für die diskreten Normen aus (1.1o) gilt die diskrete Friedrichs-Ungleichung

(2.6) $$||v_h||_{2,h} \leq c|v_h|_{1,2,h}, \quad v_h \in V_h^o$$

Beweis: Die Ungleichung kann direkt bewiesen werden. Mit Lemma 1 folgt sie auch aus der entsprechenden kontinuierlichen Ungleichung. (s. |17|, S. 385)

Im folgenden bezeichnet u_I die V_h-Interpolierende der exakten Lösung u.

(2.7) $$u_I = \sum_{i=1}^{N} u(P_i) \quad \Phi_i(x,y)$$

mit $\Phi_i \in V_h$, $\Phi_i(P_j) = \delta_{ij}$, i, j = 1, ..., N

LEMMA 2: Ist die Lösung u von (1.1) hinreichend glatt, etwa $u \in C^4(\bar{R})$, so bestehen die Konsistenzbeziehungen

a) Konsistenz des Funktionals

(2.8) $$I_h[u_I] = I[u] + O(h^2)$$

b) Konsistenz der diskreten Eulergleichung

(2.9) $$\frac{1}{h^2} \, t_{hi}[u_I] \leq c\, h^2, \quad i = 1, \ldots, M$$

Beweis: Die Behauptungen folgen aus einer Taylorentwicklung sowie im Fall a) zusätzlich aus der Berücksichtigung des Kubaturfehlers (s. |7|, S. 348, |16| S. 286).

LEMMA 3: Unter den an u gestellten Voraussetzungen gilt für die Näherungs-Lösung u_h von (1.8) die a priori - Abschätzung

$$||u_I - u_h||_{2,R} \leqslant c \tag{2.1o}$$

Beweis: Der Beweis wird am Ende des dritten Paragraphen nachgetragen.

Im folgenden soll ein allgemeines Variationsproblem der Form

$$I[v] = \int_R F(u_x, u_y)dg = \text{Min}, \; v \in V \tag{2.11}$$

betrachtet werden. F sei viermal stetig differenzierbar in beiden Argumenten. Es sei

$$F''(u_x, u_y) := \begin{bmatrix} F_{u_x u_x} & F_{u_x u_y} \\ F_{u_y u_x} & F_{u_y u_y} \end{bmatrix} (u_x, u_y) \tag{2.12}$$

die zweite Frechet-Ableitung von F. u_I sei die interpolierte exakte Lösung von (2.11) und u_h die analog zu (1.8) erhaltene Näherungslösung.

LEMMA 4: Gilt für F" aus (2.12) auf R_h

$$c_1 w^T w \leqslant w^T F''(v_{hx}, v_{hy}) w \leqslant c_2 w^T w \tag{2.13}$$

mit $v_h = u_I + t(u_h - u_I)$, $0 \leqslant t \leqslant 1$, $w \in \mathbb{R}^2$, so gibt es eine von h unabhängige Konstante $c > 0$, so daß für $e_h := u_I - u_h$ die zweiten Differenzenquotienten folgendermaßen abgeschätzt werden können

$$(2.14)\quad \begin{aligned} &\|\nabla_{xx}e_h\|_{2,h} + \|\nabla_{xy}e_h\|_{2,h} + \|\nabla_{yy}e_h\|_{2,h} \\ &\leqslant c\{\|e_h\|_{2,h} + |e_h|_{1,2,h}\} + O(h^2) \end{aligned}$$

<u>Beweis:</u> Die Behauptung folgt aus der Verallgemeinerung von Ergebnissen aus |8|, s. auch |9|, auf den Fall, daß die Eigenwerte von F" nicht gleichmäßig beschränkt sind - die zugehörige Eulergleichung nicht gleichmäßig elliptisch - sondern daß nur (2.13) erfüllt ist. In |8, 9| wird die Norm der ersten Differenzenquotienten nur mit Hilfe eines Paares der einseitigen Differenzenquotienten aus (2.2) definiert. Die Summe wird erstreckt über alle Punkte aus $\bar{R}_h$, in denen dieser Quotient erklärt ist. Auf V_h^0 ist die so erhaltene Norm also äquivalent zu $|\cdot|_{1,2,h}$.

Nun sind alle Hilfsmittel für den Beweis des Satzes bereitgestellt.

3. Beweis des Konvergenzsatzes

Zu Abkürzung der Schreibweise werden die Bezeichnungen

$$(3.1)\quad \begin{aligned} &\nabla v_h = (v_{hx}, v_{hy})^T, \; |\nabla v_h| = (v_{hx}^2 + v_{hy}^2)^{1/2} \\ &D\, v_h := (1 + |\nabla v_h|^2)^{1/2} \end{aligned}$$

eingeführt. Das diskrete Variationsproblem läßt sich dann schreiben als

$$(3.2)\quad \begin{aligned} &I_h[v_h] = \sum_{j=1}^{L} \sum_{i=1}^{4} \frac{h^2}{4} (D\, v_h)_{ji} \\ &v_h \in V_h, \; v_h|_{C_h} = f|_{C_h} \end{aligned}$$

Im folgenden sollen zur Abkürzung die Indizes j, i fortgelassen werden.

Es wird zunächst ein Lemma bewiesen.

LEMMA 5: Es gibt eine Konstante c > 0 mit

$$(3.3) \qquad \sum_{j,i} \frac{|\nabla(u_I - u_h)|^2}{D\, u_h} \leqslant c$$

Beweis: Der Ausdruck auf der linken Seite soll mit A bezeichnet werden. Es gilt offenbar

$$A = \sum_{j,i} \frac{\nabla {u_I}^T \nabla(u_I - u_h)}{D\, u_I} - \sum_{j,i} \frac{\nabla {u_h}^T \nabla(u_I - u_h)}{D\, u_h}$$

$$+ \sum_{j,i} \frac{\nabla {u_I}^T \nabla(u_I - u_h)}{D\, u_h} - \sum_{j,i} \frac{\nabla {u_I}^T \nabla(u_I - u_h)}{D\, u_I}$$

Mit partieller Summation und wegen $T_h[u_h] = 0$ erhält man mit der Bezeichnungsweise von (1.12), (2.4)

$$A = \frac{4}{h^2} (T_h[u_I])^T (u_I' - u_h') + \sum_{j,i} \nabla u_I^T \nabla(u_I - u_h)\left(\frac{1}{Du_h} - \frac{1}{Du_I}\right)$$

und nach einigen Umformungen

$$A \leqslant \frac{4}{h^2} (T_h[u_I])^T (u_I' - u_h') + \sum_{j,i} |\nabla u_I| |\nabla(u_I - u_h)| \cdot \frac{|\nabla(u_I - u_h)| (|\nabla u_I| + |\nabla u_h|)}{Du_I\, Du_h\, (Du_I + Du_h)}$$

Beachtet man, daß $(|\nabla u_I| + |\nabla u_h|)/(Du_I + Du_h) \leqslant 1$ gilt sowie

$$(3.4) \qquad \gamma := \max_{j,i} \frac{|\nabla u_I|}{Du_I} < 1$$

wegen $u \in C^4(\bar{R})$ sicher erfüllt ist, dann kann man schließlich abschätzen

$$(3.5) \qquad A \leq \frac{4}{1-\gamma} \left|\left|\frac{1}{h^2} T_h[u_I]\right|\right|_2 \, ||u_I' - u_h'||_2$$

Aus (2.9) und Lemma 1 ergibt sich

$$(3.6) \qquad A \leq c \, ||u_I - u_h||_{2,R}$$

und aus Lemma 3 folgt die Behauptung.

LEMMA 6: Es gibt eine Konstante $c > 0$, so daß gilt

$$(3.7) \qquad \max_{j,i} |(\nabla u_h)_{j,i}| \leq c$$

Beweis: Nach Lemma 5 gilt für jeden Summanden in (3.3)

$$\frac{|\nabla(u_I - u_h)|^2}{Du_h} \leq c$$

Wegen der Beschränktheit von $|\nabla u_I|$ folgt daher zunächst

$$\frac{|(\nabla u_h)_{ji}|^2}{(Du_h)_{ji}} \leq c$$

Hieraus ergibt sich $|(\nabla u_h)_{ji}| \leq c$ und das Lemma ist bewiesen.

Nach Lemma 5 und Lemma 6 gibt es ein $c > 0$ mit

$$|e_h|^2_{1,2,h} \leq c \, h^2 \, A$$

Es ist $e_h \in V_h^o$ und daher liefern (2.6), (2.9) und (3.5)

$$(3.8) \qquad ||e_h||^2_{2,h} \leq c|e_h|^2_{1,2,h} \leq c' h^2 ||e_h||_{2,h}$$

Für $u_I - u_h$ gilt also zunächst

$$||u_I - u_h||_{2,h} \leq c\, h^2$$

(3.9)

$$|u_I - u_h|_{1,2,h} \leq c\, h^2$$

und mit Lemma 1 sowie den bekannten Approximationsbeziehungen (s. z.B. |15| S. 144)

$$||u - u_I||_{2,R} \leq c\, h^2$$

(3.1o)

$$|u - u_I|_{1,2,R} \leq c\, h$$

für $u \in W^{2,2}(R)$ erhält man die beiden ersten Aussagen des Satzes.

Die Matrix aus (2.12) hat hier die Gestalt

$$(3.11) \qquad F''(u_x,u_y) = (1 + u_x^2 + u_y^2)^{-\frac{3}{2}} \begin{bmatrix} 1+u_y^2 & -u_x u_y \\ -u_x u_y & 1+u_x^2 \end{bmatrix}$$

Die rechte Ungleichung in (2.13) ist offenbar für $c_2 = 1$ erfüllt. Mit dem Lemma 6 gilt aber auch die linke Ungleichung für eine von h unabhängige Konstante c_1. Aus (3.9) und Lemma 4 folgt

$$(3.12) \qquad ||\nabla_{xx} e_h||_{2,h} + ||\nabla_{xy} e_h||_{2,h} + ||\nabla_{yy} e_h||_{2,h} \leq c\, h^2$$

Da mit (3.9) und der Schwarzschen Ungleichung auch die diskrete L^1-Norm des Fehlers der Abschätzung

$$(3.13) \qquad ||e_h||_{1,h} := h^2 \sum_{i=1}^{M} |e_h(P_i)| \leq c\, h^2$$

genügt, erhält man mit Hilfe des diskreten Sobolevschen Lemmas (|14|) zunächst die diskrete gleichmäßige Konvergenz

$$\max_{P_i \in R_h} |e_h(P_i)| \leq c\, h^2 \tag{3.14}$$

Wegen $||e_h||_{\infty,\bar{R}} \leq \max_{P_i \in R_h} |e_h(P_i)|$ sowie mit der bekannten Approximationsbeziehung (s. z.B. |15| S. 139)

$$||u - u_I||_{\infty,\bar{R}} \leq c\, h^2 \tag{3.15}$$

für $u \in C^2(\bar{R})$ ergibt sich schließlich die letzte Behauptung des Satzes.

Beweis von Lemma 3: Auf Grund der Minimaleigenschaft von u_h sowie (2.8) gilt

$$I_h[u_h] \leq I_h\, [u_I] \leq c$$

Mit der diskreten Friedrichs-Ungleichung (2.6) folgt

$$h||e_h'||_2 = ||e_h||_{2,h} \leq c'|e_h|_{1,2,h}$$

Da weiterhin die Abschätzungen gelten

$$|e_h|_{1,2,h} = \Big(\sum_{j,i} \frac{h^2}{4} (e_{hx}{}^2 + e_{hy}{}^2)\Big)^{1/2}$$

$$\leq \frac{h}{2} \sum_{j,i} (e_{hx}{}^2 + e_{hy}{}^2)^{1/2}$$

$$\leq \frac{h}{2} \sum_{j,i} (1 + e_{hx}{}^2 + e_{hy}{}^2)^{1/2}$$

$$= \frac{2}{h} I_h[e_h] = \frac{2}{h} \Big(I_h[u_h] + \frac{1}{2} u_I{}'^T\, dT_h\, [\xi_h] u_I{}'\Big)$$

mit $\xi_h = u_h - t\, u_I$, $0 \leq t \leq 1$, so folgt mit $c_2 = 1$ in (2.13) für $v_h \in V_h$

$$|e_h|_{1,2,h} \leq \frac{2}{h}(c + \frac{1}{2}\, |u_I|^2_{1,2,h}) \leq \frac{c''}{h}$$

und man erhält schließlich die Ungleichung $h^2||e_h'||_2 \leqslant c'c''$ und durch Einsetzen in (3.5) schließlich $h\,A \leqslant c$. In einer zum Beweis von Lemma 6 analogen Schlußweise ergibt sich hieraus

$$\max_{j,i} |(\nabla u_h)_{ji}| \leqslant c\, h^{-1}$$

und damit entsprechend dem Beweis des Satzes

$$|e_h|^2_{1,2,h} \leqslant c\, h\, A \leqslant c'$$

Mit Lemma 1 und der Friedrichs-Ungleichung folgt (2.1o) und das Lemma ist bewiesen.

4. Numerische Ergebnisse

Mit Hilfe der in den vorangegangenen Paragraphen beschriebenen Methode wurden zwei Minimalflächen berechnet. Das Gebiet R ist jeweils das Einheitsquadrat

$$R = \{(x,y),\ 0 < x < 1,\quad 0 < y < 1\} \tag{4.1}$$

und die Randwerte für das Problem (1.1) sind

$$\begin{aligned} f_1(x,y) &= \log(\cos y) - \log(\cos x) \\ f_2(x,y) &= (\cosh^2 y - x^2)^{1/2} \\ f_3(x,y) &= (\cosh^2 (y - \tfrac{1}{2}) - (x - \tfrac{1}{2})^2)^{1/2} \end{aligned} \tag{4.2}$$

Diese Ausdrücke stellen auf R jeweils auch die Lösung u_i, $i = 1, \cdot, 3$, dar. Die erste Minimalfläche wurde u.a. in |7|, die zweite in |1, 3| approximiert. Das diskrete Funktional in |7| erhält man ebenfalls für die

Methode der bilinearen finiten Elemente mit der Kubaturformel

$$(4.3.)\qquad \int_{e_j} \Phi(x,y)dg \doteq h^2\, \Phi(\tfrac{1}{4} \sum_{i=1}^{4} P_{ji})$$

anstelle von (1.7). Für die hiermit analog zu (1.1o) definierten diskreten Normen läßt sich kein Analogon zu Lemma 1 bzw. zu dem Korollar aus §2 beweisen. Die Konvergenz der Näherungslösung kann daher nicht ebenso wie in §3 hergeleitet werden.

Zur Lösung des nichtlinearen Gleichungssystems (2.4) wurde das SOR-Newton-Verfahren verwendet (s. z.B. |13|). Es sei $D_h[v_h]$ die M×M-Matrix, die nur die Diagonale von $dT_h[v_h]$ enthält. Die Iterationsvorschrift für das (Einschritt-) SOR-Newton-Verfahren lautet, i = 0, 1, 2, ...

$$(4.4)\qquad v_h^{(i+1)} = v_h^{(i)} - \omega_i D_h^{-1}[v_h^{(i)}/v_h^{(i+1)}]\, T_h[v_h^{(i)}/v_h^{(i+1)}]$$

Dabei ist $T[v^1/v^2] := (t_j[v_1^2,\ldots,v_{j-1}^2,\ v_j^1,\ldots,v_M^1])$, und $D_h[v^1/v^2]$ ist entsprechend definiert.

Wählt man die Relaxationsparameter ω_i aus dem Intervall (0,1], so ist wegen der positiven Definitheit von dT_h sowie der Tatsache, daß $I_h[v_h] \to +\infty$ für $||v_h|| \to \infty$, dieses Verfahren global konvergent. Für $0 < \omega_i < 2$ liegt jedenfalls noch lokale Konvergenz vor.

Ähnlich wie in |7| wurden die Parameter

$$(4.5)\qquad \begin{aligned} \omega_o &= 1 \\ \omega_i &= \min\,(\omega_{i-1} + \delta\omega,\ \omega_m),\ i = 1, 2, \ldots \end{aligned}$$

verwendet mit dem Wert $\delta\omega = 0.025$ in allen Fällen sowie $\omega_m = 1.4, 1.55, 1.7$ für die Maschenweiten h = 1/4, 1/8, 1/16. Die Tabellen I, II, III enthalten eine Auswahl der Ergebnisse. Als Startwerte der Iteration (4.4) wurden jeweils

$$
\begin{aligned}
&v_1^{(o)} \equiv 0 \\
(4.6) \qquad &v_2^{(o)} = f_2(x,0) + y(f_2(x,1) - f_2(x,0)) \\
&v_3^{(o)} = f_3\ (x,0)
\end{aligned}
$$

gewählt. ν bezeichnet die Anzahl der Iterationen und RE(2h,h) die gemäß

$$(4.7) \qquad \mathrm{RE}\ (2h,h) = \frac{1}{3}\ (4u_h - u_{2h})$$

erhaltene Richardson-Extrapolation. In Tabelle II zeigt sich die Auswirkung einer Singularität von u_{2x} an der Stelle (1,0).

h	ν	$u_h(1/2,1/4)$	$u_h(3/4,1/4)$	$u_h(3/4,1/2)$
1/4	1o	0.099171	0.281243	0.182223
1/8	25	0.099048	0.280936	0.181930
1/16	57	0.099014	0.280848	0.181845
RE(1/8,1/16)		0.099003	0.280819	0.181817
ex.Lösung		0.099003	0.280819	0.181816

Tabelle I: Exakte Lösung $u_1(x,y) = \log(\cos y) - \log(\cos x)$

h	ν	$u_h(1/4,3/4)$	$u_h(1/2,1/2)$	$u_h(3/4,1/4)$
1/4	12	1.270693	1.011233	0.708062
1/8	32	1.270420	1.010882	0.708152
1/16	67	1.270346	1.010764	0.708095
RE(1/8,1/16)		1.270321	1.010725	—
ex.Lösung		1.270317	1.010713	0.708035

Tabelle II: Exakte Lösung $u_2(x,y) = (\ \cosh^2 y - x^2)^{1/2}$

h	ν	$u_h(1/2,3/4)$	$u_h(3/4,1/2)$	$u_h(3/4,3/4)$
1/4	12	1.030811	0.967524	1.000123
1/8	33	1.031254	0.968053	1.000514
1/16	69	1.031373	0.968197	1.000620
RE(1/8,1/16)		1.031413	0.968245	1.000655
ex.Lösung		1.031413	0.968246	1.000656

Tabelle III: Exakte Lösung $u_3(x,y) = (\cosh^2(y-\frac{1}{2})-(x-\frac{1}{2})^2)^{1/2}$

Literatur

|1| Concus, P.: Numerical Solution of the Minimal Surface Equation. Math. Comp. 21, 34o - 35o (1967)

|2| Frehse, J.: Existenz und Konvergenz von Lösungen nichtlinearer elliptischer Differentialgleichungen unter Dirichlet-Randbedingungen. Math. Z. 1o9, 311 - 343 (1969)

|3| Greenspan, D.: On approximating extremals of functionals. I. ICC Bull. 4, 99 - 12o (1965)

|4| Hinata, M. et al.: Numerical Solution of Plateau's Problem by a Finite Element Method. Math. Comp. 28, 45 - 6o (1974)

|5| Johnson, C. and Thomee, V.: Error Estimates for a Finite Element Approximation of a Minimal Surface. Chalmers University of Technology and the University of Göteborg, preprint no. 8 (1974)

|6| McAllister, G. T.: The Dirichlet Problem for a Class of Elliptic Difference Equations. Math. Comp. 25, 655 - 673 (1971)

|7| Meis, Th.: Zur Diskretisierung nichtlinearer elliptischer Differentialgleichungen. Computing 7, 344 - 352 (1971)

|8| Merten, K.: Zur Theorie der Diskretisierung von Variationsproblemen. Dissertation, Technische Hochschule Darmstadt, D 17 (1974)

|9| Merten, K.: Zur Diskretisierung von Variationsproblemen. Erscheint im Tagungsbericht "Numerische Behandlung von Differentialgleichungen", Oberwolfach 1974. ISNM Birkhäuser-Verlag, Basel

|1o| Mittelmann, H. D.: Stabilität bei der Methode der Finiten Elemente für quasilineare elliptische Randwertprobleme. Erscheint im Tagungsbericht "Numerische Behandlung von Differentialgleichungen", Oberwolfach 1974. ISNM Birkhäuser-Verlag, Basel

|11| Mittelmann, H. D.: Nichtlineare Dirichletprobleme und einfache Finite-Element Verfahren. Erscheint demnächst in den Bonner Math. Schriften (1974)

|12| Morrey, C. B.: Multiple Integrals in the Calculus of Variations. Springer-Verlag, Berlin (1966)

|13| Ortega, J. M. and Rheinboldt, W. C.: Iterative Solution of nonlinear equations in several variables. Academic Press, New York and London (197o)

|14| Sobolev, S. L.: Über eine Abschätzung gewisser Summen von Gitterfunktionen (russisch). Isw. Akad. Nauk SSSR, Ser. Math. 4, 5 - 16 (194o)

|15| Strang, G. and Fix, G. J.: An Analysis of the Finite Element Method. Prentice Hall, Inc., Englewood Cliffs, N. J. (1973)

|16| Törnig, W.: Monotonieeigenschaften von Diskretisierungen des Dirichletproblems quasilinearer elliptischer Differentialgleichungen. In "Numerische, insbesondere approximationstheoretische Behandlung von Funktionalgleichungen", Lecture Notes 333, Springer-Verlag, Berlin (1973)

|17| Triebel, H.: Höhere Analysis. VEB Deutscher Verlag der Wissenschaften, Berlin (1972)

|18| Uraltseva, N. N.: Nonlinear Boundary Value Problems for Equations of Minimal-Surface Type. Proc. Steklov Inst. Math. 116, 227 - 237 (1971)

Dr. H. D. Mittelmann
Fachbereich Mathematik
Technische Hochschule Darmstadt

61 Darmstadt
Kantplatz 1

BERECHENBARE FEHLERSCHRANKEN FÜR DIE METHODE DER FINITEN ELEMENTE

Frank Natterer

Computable L_2 and pointwise error bounds are derived for the simplest finite element method for the problem $-\Delta u=f$ in Ω, $u=0$ on $\partial\Omega$, where Ω is a convex polygon. It is shown by examples that the bounds are not too far from being optimal.

EINLEITUNG

Sei Ω ein konvexes Polygon und T_h für $h>0$ eine reguläre Familie von Triangulierungen von Ω, d.h. jedes Teildreieck $\Delta\varepsilon T_h$ enthält eine Kreisscheibe vom Radius h/c und ist in einer Kreisscheibe vom Radius hc enthalten, wobei $c>1$ von h unabhängig ist. Sei weiter

$$S_h = \{u\varepsilon C(\bar{\Omega}):u=0 \text{ auf } \partial\Omega, \text{ u linear in } \Delta \text{ für alle } \Delta\varepsilon T_h\}$$

und sei $u_h\varepsilon S_h$ die nach der Methode der Finiten Elemente berechnete Näherungslösung für das Problem

$$-\Delta u = f \text{ in } \Omega, \qquad u=0 \text{ auf } \partial\Omega .$$

Ist $f\varepsilon L_2(\Omega)$, so gilt bekanntlich (vergl. etwa [3])

$$|u-u_h|_{L_2(\Omega)} \leq c_2 h^2 |f|_{L_2(\Omega)}$$

$$|(u-u_h)(x)| \leq c_\infty h \, |f|_{L_2(\Omega)}, \quad x\varepsilon\Omega,$$

mit gewissen von h unabhängigen Konstanten c_2, c_∞. Es sollen obere Schranken für c_2, c_∞ hergeleitet werden, welche ohne Kenntnis von u berechnet werden können.

Dazu wird im 1. Abschnitt ein konstruktiver Beweis für einen Spezialfall des Bramble-Hilbert-Lemmas [1] gegeben. Im 2. Abschnitt wird die übliche Methode für die Fehlerabschätzung in $H^1(\Omega)$ und $L_2(\Omega)$ angewandt. Die punktweisen Schranken ergeben sich im 3. Abschnitt durch Anwendung der Sobolev'schen Ungleichung auf Teildreiecke. Im 4. Abschnitt wird eine Verbesserung der Fehlerschranken für den Fall beschrieben, daß für einige spezielle Inhomogenitäten f die Lösung u bekannt ist. Der 5. Abschnitt schließlich bringt numerische Resultate.

1. ABSCHÄTZUNG DES INTERPOLATIONSFEHLERS

Es sei zunächst $\Delta=\{(x,y):x+y\leq 1,\ x,y\geq 0\}$ das Einheitsdreieck, und $|\cdot|_k$, k=0,1,2 seien die Seminormen in $H^k(\Delta)$. Bedeutet P die lineare Interpolation in den Eckpunkten von Δ, so wollen wir folgende Abschätzung zeigen:

SATZ 1.1. Für $u\varepsilon H^2(\Delta)$ gilt

$$|u-Pu|_1 \leq c|u|_2$$

wobei $0.65 \leq c \leq 0.81$.

Beweis:

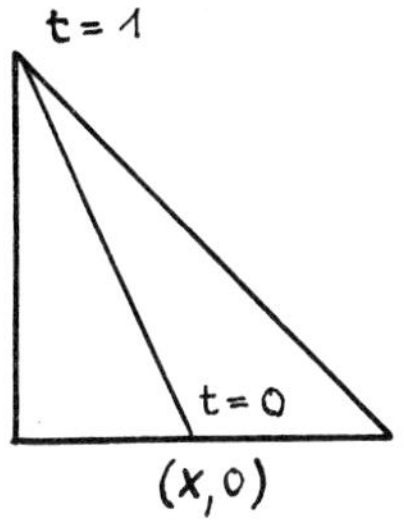

Sei $v \varepsilon H^1(\Delta)$. Dann gilt für jedes $p>1$

$$v(x,0) = -\int_0^1 \frac{\partial}{\partial t}\{(1-t)^p v((1-t)x,t)\}dt.$$

Integration nach x von 0 bis 1, Vertauschung der Integrationsreihenfolge und Substitution $z = x(1-t)$ im inneren Integral führen zu

$$\left|\int_0^1 v(x,0)dx\right| \leq \int_0^1 \int_0^{1-t} (1-t)^{p-2}\{p|v(z,t)|$$

$$+ ((1-t)^2 v_x^2(z,t) + z^2 v_y^2(z,t))^{1/2}\}dz\, dt.$$

Die Schwarz'sche Ungleichung und Auswertung der Integrale ergibt nun

$$(1.1) \qquad \left|\int_0^1 v(x,0)\,dx\right| \le k_o|v|_o + k_1|v|_1 ,$$

$$k_o^2 = \frac{p^2}{2p-2} , \qquad k_1^2 = \frac{2}{3p} .$$

2. Sei nun $u\varepsilon H^2(\Delta)$ und u_1, u_2, u_3 die Werte von u in den Ecken von Δ. Für festes $(t,s)\varepsilon\Delta$ ist dann nach (1.1)

$$|u_x(t,s)-(u_3-u_2)| = \left|\int_0^1 (u_x(t,s)-u_x(x,0)dx\right|$$
$$\le k_o|u_x(t,s)-u_x|_o+k_1|u_x|_1 .$$

Beachtet man

$$\int_\Delta |u_x(t,s)-u_x|_o^2 \; dt\;ds \le \int_\Delta u_x^2(t,s) \; ds\;dt ,$$

so erhält man

$$|u_x-(u_3-u_2)|_o \le k_o|u_x|_o + 2^{-1/2} k_1|u_x|_1 .$$

Für $Pu = (u_3-u_2)x + (u_1-u_2)y + u_2$ folgt daraus

$$|u-Pu|_1 = (|u_x-(u_3-u_2)|_o^2 + |u_y-(u_1-u_2)|_o^2)^{1/2}$$
$$\le k_o|u|_1 + 2^{-1/2} k_1|u|_2 .$$

3. Sei $w = ax+by+c$ eine beliebige lineare Funktion. Dann ist für $u\varepsilon H^2(\Delta)$ nach (1.2)

$$|u-Pu|_1 = |(u-w)-T(u-w)|_1 \le k_o|u-w|_1 + 2^{-1/2} k_1|u|_2 .$$

Wählt man speziell

$$a = 2\int_\Delta u_x \, dx \, dy \; , \qquad b = 2\int_\Delta u_y \, dx \, dy \; ,$$

so wird mit dem kleinsten positiven Eigenwert π^2 der freien Membran für Δ

$$|u-w|_1^2 = |u_x - a|_o^2 + |u_y - b|_o^2 \le \frac{1}{\pi^2}(|u_x|_1^2 + |u_y|_1^2)$$
$$= \frac{1}{\pi^2} |u|_2^2 \; .$$

Damit erhält man schließlich

$$|u-Pu|_1 \le (\frac{k_o}{\pi} + 2^{-1/2} k_1)|u|_2 \; ,$$

woraus sich für p = 3.6 die obere Schranke des Satzes ergibt.

4. Berechnet man das Maximum von

$$|u-Tu|_1 \; / \; |u|_2$$

für $u \varepsilon sp\{x-x^2+y-y^2, \; xy\}$, so ergibt sich der Wert 0.6598 und damit die untere Schranke des Satzes.

Ist nun Δ' ein beliebiges Dreieck mit Seiten a,b und eingeschlossenem Winkel ω, $0<\omega<\pi$, so bildet man Δ' durch lineare Transformation

$$\begin{pmatrix} x' \\ y' \end{pmatrix} = A \begin{pmatrix} x \\ y \end{pmatrix} \; , \qquad A = \begin{pmatrix} b \sin\omega & 0 \\ b \cos\omega & a \end{pmatrix}$$

auf das Einheitsdreieck Δ ab. Dann gilt

$$u_{x'}^2 + u_{y'}^2 \leq \lambda_{max}((AA^T)^{-1})\ (u_x^2 + u_y^2),$$

$$u_{xx}^2 + 2u_{xy}^2 + u_{yy}^2 \leq (\lambda_{max}(AA^T))^2\ (u_{x'x'}^2 + 2u_{x'y'}^2 + u_{y'y'}^2)\ ,$$

wobei $\lambda_{max}(B)$ den betragsgrößten Eigenwert von B bedeutet.

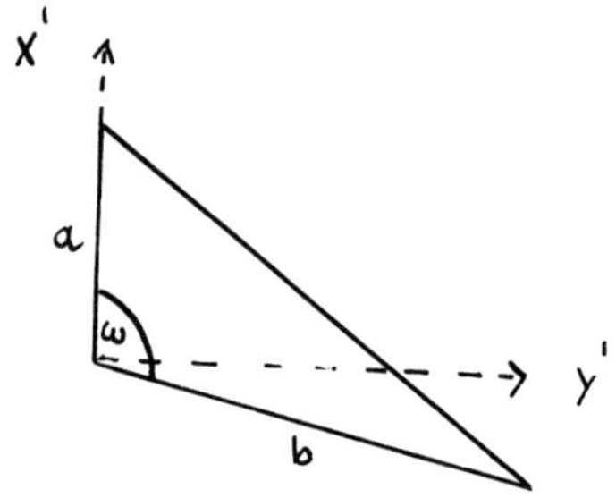

Damit folgt aus Satz 1.1 für die lineare Interpolation P' in den Eckpunkten von Δ' für alle $u \varepsilon H^2(\Delta')$

$$|u-P'u|^2_{H^1(\Delta')} \leq \lambda_{max}((AA^T)^{-1})(\lambda_{max}(AA^T))^2\ c^2 |u|^2_{H^2(\Delta')}.$$

Rechnet man die Eigenwerte aus und schreibt man wieder Δ, P für Δ', P', so folgt

SATZ 1.2. Sei Δ ein Dreieck mit Seiten a,b, welche einen Winkel zwischen 0 und π einschließen. Sei $h^2 = (a^2+b^2)/2$ und $|\Delta|$ die Fläche von Δ. Sei $d=2|\Delta|h^{-2}$, also $0<d\leq 1$. Dann gilt für $u \varepsilon H^2(\Delta)$

$$|u-Pu|_{H^1(\Delta)} \leq h\, c(\Delta)\, |u|_{H^2(\Delta)} ,$$

$$c(\Delta) = c(1+\sqrt{1-d^2})(1-\sqrt{1-d^2})^{-1/2} .$$

Es ist $0.65 \leq c \leq 0.81$.

2. FEHLERABSCHÄTZUNG IN $H^1(\Omega)$ UND $L_2(\Omega)$.

Bedeutet P_h die Interpolation mit Funktionen aus S_h, so gilt bekanntlich

$$|u-u_h|_{H^1(\Omega)} \leq |u-P_h u|_{H^1(\Omega)} .$$

Sei Δ_i ein Dreieck der Triangulierung T_h mit Seiten a_i, b_i, welche einen Winkel zwischen 0 und π einschließen. Sei $h_i^2 = (a_i^2 + b_i^2)/2$.
Nach Satz 1.2 ist dann

$$|u-u_h|_{H^1(\Omega)} \leq \max_{i=1,\dots,n} h_i\, c(\Delta_i)\, |u|_{H^2(\Omega)} .$$

Für konvexes Ω gilt ([2], S. 171)

(2.1) $$|u|_{H^2(\Omega)} \leq |f|_{L_2(\Omega)} .$$

Damit haben wir

(2.2) $$|u-u_h|_{H^1(\Omega)} \leq k|f|_{L_2(\Omega)} , \quad k = \max_{i=1,\dots,n} h_i\, c(\Delta_i)$$

und durch den Nitsche-Trick folgt

$$(2.3) \qquad |u-u_h|_{L_2(\Omega)} \le k^2 |f|_{L_2(\Omega)} .$$

Für reguläre Triangulierungen ist $k=O(h)$.

3. PUNKTWEISE ABSCHÄTZUNGEN

Punktweise Fehlerabschätzungen ergeben sich aus den Abschätzungen in $H^1(\Omega)$ und $L_2(\Omega)$ durch die Sobolev'sche Ungleichung , welche jetzt für den hier interessanten Spezialfall hergeleitet werden soll.

Sei Q ein Knoten von T_h, in dem die Dreiecke Δ_i, $i=1,\dots,m$ zusammentreffen. Sei $r=R(\phi)$ die Darstellung des Randes von $\bigcup_{i=1}^{m} \Delta_i$ in Polarkoordinaten, z.B. ist in $0 \le \phi \le \omega_1$

$$R(\phi) = a_1 b_1 \sin\omega_1 (a_1 \sin(\omega_1 - \phi) + b_1 \sin\phi)^{-1}.$$

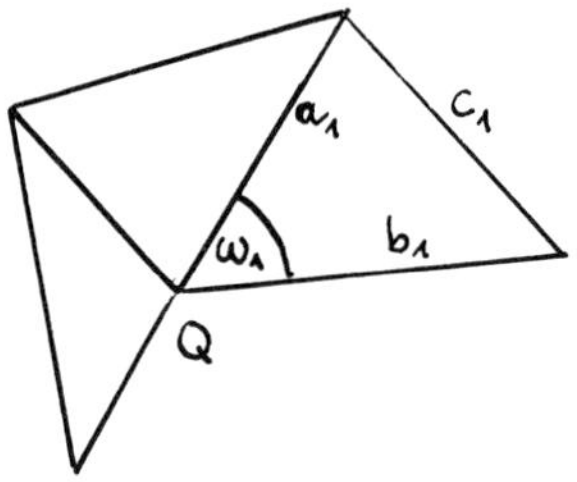

Sei weiter $g(r,\phi) = (1-r/R(\phi))^2$. Dann gilt für $w=u-u_h$

$$w(Q) = -\int_0^{R(\phi)} (gw)_r \, dr = \int_0^{R(\phi)} r(gw)_{rr} \, dr,$$

und Integration nach ϕ ergibt

$$w(Q) = \frac{1}{\omega} \int_\Delta (gw)_{rr} \, dx\, dy \ , \ \omega = \sum_{i=1}^{k} \omega_i$$

also

(3.1) $$|w(Q)| \leq k_o |w|_o + k_1 |w|_1 + k_2 |u|_2$$

wo $|\cdot|_k$ wieder die Seminorm in $H^k(\Delta)$ ist und die k_ℓ folgende Zahlen bedeuten:

$$k_o = \frac{1}{\omega} |g_{rr}|_o = \frac{1}{\omega} \left(\frac{1}{60} \sum_{i=1}^{m} |\Delta_i|\right)^{1/2},$$

$$k_1 = (3\omega)^{-1/2}$$

$$k_2 = \frac{1}{2\omega} \left(\sum_{i=1}^{m} |\Delta_i|^{-2} \{c_i^2 \omega_i + 4|\Delta_i| - (a_i^2+b_i^2)\sin\omega_i \cos\omega_i\}\right)^{1/2}$$

(2.1)-(2.3) und (3.1) ergeben nun für den Knoten Q

(3.2) $$|(u-u_h)(Q)| \leq (k^2 k_2 + k k_1 + k_o)|f|_{L_\infty(\Omega)} .$$

Ist Q kein Knoten, sondern etwa $Q \varepsilon \Delta$, so kann man Δ in Teildreiecke Δ_1, Δ_2, Δ_3 mit gemeinsamer Ecke Q zerlegen und k_o, k_1, k_2 für diese Zerlegung von Δ berechnen. Für reguläre Triangulierungen ist $k_j = O(h^{j-1})$, so daß sich die Konstante in (3.2) wie O(h) verhält.

4. DIE NORM DES FEHLEROPERATORS

Ordnet man jedem $f \varepsilon L_2(\Omega)$ den Fehler $E_h f = u-u_h$ zu, so ist E_h ein linearer Operator von $L_2(\Omega)$ in $L_2(\Omega)$, dessen Norm $||E_h||$ nach (2.3) der Abschätzung

$$(4.1) \qquad ||E_h|| \leq k^2$$

genügt. Kennt man also für $f_1, \ldots, f_m$ die Lösungen $u_1, \ldots u_m$ und die Näherungslösungen $u_{1h}, \ldots, u_{mh}$, so kann man den Fehler folgendermaßen abschätzen:

$$|u-u_h|_{L_2(\Omega)} \leq |\sum_{i=1}^{m} q_i E_h(f_i)|_{L_2(\Omega)} + |E_h(f-\sum_{i=1}^{m} q_i f_i)|_{L_2(\Omega)}$$

$$(4.2) \qquad \leq |\sum_{i=1}^{m} q_i(u_i-u_{ih})|_{L_2(\Omega)} + k^2 |f-\sum_{i=1}^{m} q_i f_i|_{L_2(\Omega)} .$$

Man wählt nun q_i so, daß $f-\sum_{i=1}^{m} q_i f_i$ klein ist, etwa

nach der Methode der kleinsten Quadrate. Dann wird der erste Term in (4.2) dem wirklichen Fehler von $u-u_h$

nahe kommen, während der zweite erheblich kleiner ist als die obere Schranke $k^2|f|_{L_2(\Omega)}$ für $|u-u_h|_{L_2(\Omega)}$.

(4.2) ergibt also auch dann gute Schranken für $|u-u_h|_{L_2(\Omega)}$, wenn die Konstante k erheblich überschätzt wurde.

Entsprechende Überlegungen gelten natürlich für das Fehlerfunktional $E_{h,x}f = (u-u_h)(x)$, dessen Norm durch $k^2k_2 + kk_1 + k_o$ beschränkt ist.

5. BEISPIELE

Die in k, k_o, k_1, k_2 eingehenden Größen können alle schon während der Erzeugung der Elementmatrizen berechnet werden. Für einfache Triangulierungen kann man explizite Darstellungen geben. So ist z.B. für die Standard-Triangulierung (durch rechtwinklig-gleichschenklige Dreiecke der Kathetenlänge h)

$$k \leq 0.81 \cdot h$$

$$k^2k_2 + kk_1 + k_o \leq h \cdot \begin{cases} 0.81 & \text{für Knoten} \\ 1.00 & \text{für Hypothenusenmitte} \end{cases}$$

Anhand des Problems

$$-\Delta u = 2(x+y)-2(x^2+y^2) \text{ in } \Omega = \{(x,y):0<x<1,\ 0<y<1\}$$

$$u=0 \text{ auf } \partial\Omega$$

soll der Fehler beurteilt werden. Die Standard-Triangulierung mit Kathetenlänge $h = \frac{1}{4}$ ergibt

$$|u-u_h|_{L_2(\Omega)} = 0.0057\ , \qquad k^2|f|_{L_2(\Omega)} = 0.028.$$

Dies bedeutet,daß der wirkliche Fehler etwa um einen Faktor 5 überschätzt wird.

Für das gleiche Problem ergibt sich mit $h = \frac{1}{2}$ für $P = (\frac{1}{4}, \frac{3}{4})$

$$|(u-u_h)(P)| = 0.035\ , \quad (k^2k_2+kk_1+k_o)|f|_{L_2(\Omega)} = 0.35$$

so daß man eine Überschätzung um den Faktor 10 hat.

Für praktische Zwecke sind die punktweisen Schranken zu grob; jedenfalls dann, wenn sie wie bei diesem Beispiel nicht einmal die richtige Konvergenzordnung geben. Die L_2-Schranken sind jedoch vielleicht praktisch nützlich, insbesondere dann, wenn man die Verbesserungsmöglichkeiten im 4. Abschnitt berücksichtigt. Jedenfalls ist auf Grund des Beispiels zu vermuten, daß sie nicht mehr wesentlich zu verbessern sind.

6. LITERATUR

[1] Bramble, J.H., Hilbert, S.R.: Bounds for a Class of Linear Functionals with Application to Hermite Interpolation. Numer. Math. 16(1971), 362-369.

[2] Miranda, C.: Partial Differential Equations of Elliptic type. Springer Berlin-Heidelberg-New York 1970.

[3] Nitsche, J.A.: Lineare Spline-Funktionen und die Methoden von Ritz für elliptische Randwertprobleme. Arch. Rational Mech. Anal. 36(1970), 348-355.

Prof. Dr. Frank Natterer
Universität des Saarlandes
66 Saarbrücken

INTERMEDIATEPROBLEME BEI MATRIZENEIGENWERTAUFGABEN

Walter R. Richert

For the eigenvalue problems $Ax = \lambda^{(j)} B_j x$ $j=1,\dots,r$ we propose a method to obtain lower bounds for the eigenvalues. The paper is related to a method of WEINSTEIN [4], where he published a construction of lower bounds for eigenvalues by intermediate problems.

Es wird folgende Aufgabenstellung betrachtet. Gegeben sind r Eigenwertaufgaben $Ax = \lambda^{(j)} B_j x$, $j=1,\dots,r$ in R^n. Gesucht werden untere Schranken an alle Eigenwerte der r Eigenwertaufgaben.

Diese Fragestellung tritt bei der numerischen Behandlung von nichtlinearen Problemen der Statik und Dynamik auf, wenn große Verschiebungen bzw. nichtlineares Materialverhalten berücksichtigt werden. Dabei ändert sich die Steifigkeitsmatrix und die Massenmatrix bleibt konstant.

Das obige Problem wird im Folgenden mit der Technik der Intermediateprobleme behandelt. Während SCHELLHAAS [3] in der Fragestellung mit Randwertaufgaben eine Verallgemeinerung des BAZLEY-WEINSTEIN-FOX-Verfahren benützte, greifen wir auf ein Verfahren von WEINSTEIN [5] zurück, das für die Praxis empfohlen wird [2]. Die folgende Darstellung liefert untere Schranken an alle Eigenwerte der Aufgabe $Ax = \lambda Bx$. Um für weitere Probleme $Ax = \lambda^{(i)} B_i x$ Schranken zu erhalten, müssen als wesentlicher Aufwand die Eigenwerte und Eigenvektoren der Probleme $B_i x = \beta^{(i)} x$ bestimmt werden.

Konstruktion der Schranke S

In $\mathbb{C}^n$ sei die Eigenwertaufgabe $(A-\lambda B)x=o$ vorgelegt mit $A,B\in\mathbb{C}^{n,n}$ hermitesch und B positiv definit.

$\{\lambda_j\}_{j=1}^{n}$ seien die Eigenwerte von $(A-\lambda B)x=o$;

$\{\lambda_j^*\}_{j=1}^{n}$ seien die Eigenwerte von $Ax=\lambda^*x$;

$\{\beta_j\}_{j=1}^{n}$ seien die Eigenwerte von $Bx=\beta x$;

$\{x_j\}_{j=1}^{n}$ sei ein ONS zu $\{\lambda_j^*\}_{j=1}^{n}$;

die Auflistung der Eigenwerte erfolgt nach Vielfachheit

und es gelte für alle $j=1,\dots,n-1$: $\beta_{j+1} \le \beta_j$, $|\lambda_{j+1}| \le |\lambda_j|$, $|\lambda_{j+1}^*| \le |\lambda_j^*|$.

V sei die unitäre Matrix, so daß

$$V^*BV = \begin{pmatrix} \beta_1 & & & 0 \\ & \beta_2 & & \\ & & \ddots & \\ 0 & & & \beta_n \end{pmatrix}$$

$$D^{-1}: [\beta_1, \infty) \to (\mathbb{R} \cup \{\infty\})^{n,n}$$

$$\alpha \mapsto \begin{cases} (d_{i,j})_{i,j=1}^{n} \\ \text{mit} \\ d_{ij} := o & \text{falls } i \neq j \\ d_{jj} := \dfrac{1}{\alpha - \beta_j} & \text{falls } i=j \text{ und } \alpha-\beta_j > o \\ d_{jj} := \infty & \text{falls } i=j \text{ und } \alpha-\beta_j = o . \end{cases}$$

Jedem $p \in \{2,3,\dots,n\}$ werden zwei Funktionen $G(x_p;\cdot)$, $F(x_p;\cdot)$ wie folgt zugeordnet:

$$G(x_p;\cdot): [\beta_1, \infty) \to \mathbb{R}$$

$$\alpha \mapsto \alpha - [(V^*x_p, D^{-1}(\alpha)V^*x_p)]^{-1};$$

$$F(x_p;\cdot): [\beta_1, \infty) \to \mathbb{R}$$

$$\alpha \mapsto \frac{|\lambda^*_{p-1}|}{\alpha} - \frac{|\lambda^*_p|}{G(x_p;\alpha)};$$

$z(x_p)$ sei eine Nullstelle von $F(x_p;\cdot)$, falls eine existiert.

Dann definiert man die Schrankenfunktion

$$S : \{1,2,\dots,n\} \to \mathbb{R}$$

$$p \mapsto \begin{cases} \dfrac{|\lambda^*_p|}{\beta_1} & \text{falls } p = 1 \\[2ex] \dfrac{|\lambda^*_{p-1}|}{\beta_1} & \text{falls } p \geq 2 \text{ und } \dfrac{|\lambda^*_{p-1}|}{\beta_1} \leq \dfrac{|\lambda^*_p|}{G(x_p;\beta_1)} \\[2ex] \dfrac{|\lambda^*_{p-1}|}{z(x_p)} & \text{falls } p \geq 2 \text{ und } \dfrac{|\lambda^*_{p-1}|}{\beta_1} > \dfrac{|\lambda^*_p|}{G(x_p;\beta_1)}. \end{cases}$$

SATZ

Die Schrankenfunktion S ist wohldefiniert und es gilt:

Für alle $p=1,\dots,n$: $S(p) \leq |\lambda_p|$.

Der Beweis des Satzes erfolgt über die folgenden Lemmata.

Lemma 1

Die Familie $\{Ax = \lambda^{(o)}\alpha x\}_{\alpha\in[\beta_1, \infty)}$ ist eine Familie von Baseproblemen zum vorliegenden Originalproblem $Ax = \lambda Bx$; darunter soll hier folgendes verstanden werden:

(i) Wenn man mit $\{\lambda_i^{(o)}(\alpha)\}_{i=1}^{n}$ die Eigenwerte der Aufgabe $Ax = \lambda^{(o)}\alpha x$ bezeichnet (wobei für alle $i=1,\dots,n-1$: $|\lambda_{i+1}^{(o)}(\alpha)| \le |\lambda_i^{(o)}(\alpha)|$)

dann gelte für alle $i=1,\dots,n$: $|\lambda_i^{(o)}(\alpha)| \le |\lambda_i|$.

(ii) Die Eigenwerte $\{\lambda_i^{(o)}(\alpha)\}_{i=1}^{n}$ sind trivial zu berechnen.

Bemerkung:

In (i) kann man die Forderung $|\lambda_i^{(o)}(\alpha)| \le |\lambda_i|$ nicht durch $\lambda_i^{(o)}(\alpha) \le \lambda_i$ (über die Einführung der üblichen Ordnung: $\lambda_{i+1} \le \lambda_i$, $\lambda_{i+1}^{(o)}(\alpha)$) ersetzen. Allgemeiner gilt für zwei Eigenwertaufgaben $Ax = \lambda^{(1)}Bx$, $Ax = \lambda^{(2)}Bx$ mit $A, B^{(1)}, B^{(2)}$ hermitesch, $B^{(1)}, B^{(2)}$ positiv definit und $\lambda_{i+1}^{(1)} \le \lambda_i^{(1)}$, $\lambda_{i+1}^{(2)} \le \lambda_i^{(2)}$ für $i=1,\dots,n$ mit der Forderung $x^*B^{(1)}x \le x^*B^{(2)}x$ für $x\in\mathbb{C}^n$ noch nicht, daß für $i=1,\dots,n$ gilt: $\lambda_i^{(2)} \le \lambda_i^{(1)}$. Bei Betragsanordnung wird jedoch die Ungleichung der Beträge geliefert und daher mit $x^*Bx = (V^*x)^*\mathrm{diag}(\beta_i)(V^*x) \le \alpha x^*x$ die Ungleichung.

Definition

Für alle x_p mit $p \ge 2$ und für alle $\alpha\in[\beta_1, \infty)$ bezeichne $Ax = \lambda^{(1)}B^{(1)}(x_p;\alpha)x$ die folgende Eigenwertaufgabe:

$$Ax = \lambda^{(1)}\{\alpha x - (x,x_p)[(V^*x_p,\ D^{-1}(\alpha)V^*x_p)]^{-1}x_p\}\ .$$

Zur Eigenwertaufgabe $Ax = \lambda^{(1)}B^{(1)}(x_p;\alpha)$ definieren wir den Rayleighquotienten

$$R^{(1)}(x_p;\alpha)x := \frac{(x,Ax)}{(x,B^{(1)}(x_p;\alpha)x)}\ .$$

Die Eigenwerte der Aufgabe $Ax = \lambda^{(1)}B^{(1)}(x_p;\alpha)x$ werden mit $\{\lambda_i^{(1)}(x_p;\alpha)\}_{i=1}^{n}$ bezeichnet, wobei für alle $i=1,\dots,n$ gelte: $|\lambda_{i+1}^{(1)}(x_p;\alpha)| \le |\lambda_i^{(1)}(x_p;\alpha)|$.

Lemma 2

Für alle x_p mit $p \ge 2$ und für alle $\alpha\in[\beta_1,\ \infty)$ gilt für $x\in C\backslash\{o\}$ folgende Ungleichung:

$$\left|\frac{(x,Ax)}{(x,\alpha x)}\right| \le |R^{(1)}(x_p;\alpha)| \le \left|\frac{(x,Ax)}{(x,Bx)}\right|\ .$$

Beweis:

Wir definieren die Abbildung $D : [\beta_1,\ \infty) \to \mathbb{R}^{n,n}$, $\alpha \to \alpha I\text{-diag}(\beta_i)$.

Mit der Schwarzschen Ungleichung erhält man:

$$(x,B^{(1)}(x_p;\alpha)x) =$$
$$= (x,\alpha x) - (V^*x,V^*x_p)^2(V^*x_p,D^{-1}(\alpha)V^*x_p)^{-1}$$
$$\ge (x,\alpha x) - (V^*x,D(\alpha)V^*x)$$
$$= (x,Bx).$$

Damit hat man das rechte Ungleichheitszeichen; das linke ist klar, da $(V^*x_p,V^*x_p)^2(V^*x_p,D^{-1}(\alpha)V^*x_p)^{-1} \ge o$ ist.

Lemma 3

Die Menge der Eigenvektoren jedes Baseproblems und die Menge der Eigenwertaufgabe $Ax = \lambda^{(1)}B^{(1)}(x_p;\alpha)x$ *stimmen mit* $\{x_j\}_{j=1}^{n}$ *überein. Die Menge der Eigenwerte der Aufgabe* $Ax = \lambda^{(1)}B^{(1)}(x_p;\alpha)x$ *ist* $\{\frac{\lambda_j^*}{\alpha} | j \neq p\} \cup \{\frac{\lambda_p^*}{G(x_p;\alpha)}\}$.

Lemma 4

Für alle $\alpha \in [\beta_1, \infty)$ *und* x_p *mit* $p \geq 2$ *gilt für alle* $j=1,\ldots,n$:

$$|\lambda_j^{(1)}(x_p;\alpha)| = \underset{\substack{x_1,\ldots,x_{j-1} \in \mathbb{C}^n \\ \{x_s | s=1,\ldots,j-1\} \\ \text{lin. unabhängig}}}{\text{minimum}} \quad \underset{\substack{x \in \mathbb{C}^n \setminus \{o\} \\ (x_s,x)=o \text{ für} \\ s=1,\ldots,n}}{\text{maximum}} |R^{(1)}(x_p;\alpha)x| .$$

Für $j=1$ *wird der obige Ausdruck per Def. als* $\underset{x \in \mathbb{C}^n \setminus \{o\}}{\text{maximum}} |R^{(1)}(x_p;\alpha)x|$ *angesehen.*

Beweis:

Für die beiden möglichen Fälle $j=p$ und $j>p$ von $\lambda_j^{(1)}(x_p;\alpha) = \frac{\lambda_p^*}{D(x_p;\alpha)}$ zeigt man die Maximumcharakterisierung der $\lambda_j^{(1)}(x_p;\alpha)$, aus der dann wie üblich die Min-Max-Charakterisierung folgt.

Lemma 5

Für alle $\alpha \in [\beta_1, \infty)$ und für alle $p \geq 2$ gilt:

$Ax = \lambda^{(1)} B^{(1)}(x_p;\alpha)x$ ist ein Intermediateproblem zu

$Ax = \lambda^{(o)} \alpha x$ als Baseproblem und

$Ax = \lambda Bx$ als Originalproblem;

darunter soll hier folgendes verstanden werden:

(i) Für alle $\alpha \in [\beta_1, \infty)$, $p \geq 2$, $j=1,\ldots,n$ gelte:

$$\left|\frac{\lambda_j^*}{\alpha}\right| \leq |\lambda_j^{(1)}(x_p;\alpha)| \leq |\lambda_j| .$$

(ii) Die Eigenwerte $\lambda_j^{(1)}(x_p;\alpha)$ lassen sich aus den Eigenwerten und Eigenvektoren des Baseproblems bestimmen.

Beweis:

Die beiden Ungleichungen aus (i) folgen aus Lemma 2 und 4 und dem Max-Min-Prinzip mit Beträgen für $Ax = \lambda Bx$.
(ii) ist klar durch Lemma 3.

Lemma 6

Für alle x_p mit $p \geq 2$ gelten folgende Aussagen:

(i) Für alle $\alpha \in [\beta_1, \infty)$: $(V^*x_p, \text{diag}(\beta_i)V^*x_p) \leq$
$\leq G(x_p;\alpha) \leq \alpha$.

(ii) $\lim\limits_{\alpha\to\infty} G(x_p;\alpha) = (V^*x_p, \text{diag}(\beta_i)V^*x_p)$.

(iii) $G(x_p;\cdot)$ monoton fallend.

Beweis:

Zu (i): Aus $1 = (\sqrt{D(\alpha)}^{-1}V^*x_p, \sqrt{D(\alpha)}V^*x_p)$ folgt mit der Schwarzschen Ungleichung $(V^*x_p, D^{-1}(\alpha)V^*x_p)^{-1} \leq$

$\leq (V^*x_p, D(\alpha)V^*x_p)$ und

daraus $(V^*x_p,\ \mathrm{diag}(\beta_i)V^*x_p) \leq \alpha-(V^*x_p, D^{-1}(\alpha)V^*x_p)^{-1}$

und damit auch die rechte Ungleichung.

Zu (ii): Anwendung der l'Hospitalschen Regel.

Zu (iii): Falls B = c.I, dann ist $G(x_p;\alpha) = c$

Falls B $\neq$ c.I, dann ist $\frac{\partial G(x_p;\alpha)}{\partial \alpha} \leq 0$ erfüllt,

da mit der Schwarzschen Ungleichung

$(V^*x_p,\ D^{-1}(\alpha)V^*x_p)^2 \leq (V^*x_p,\ (D^{-1}(\alpha))^2 V^*x_p)$ gilt.

Lemma 7

Für alle p=2,...,n gilt: $S(p) = \underset{\alpha\in[\beta_1,\ \infty)}{\mathrm{supremum}}\ \lambda_p^{(1)}(x_p;\alpha)$.

Beweis:

Falls $\frac{|\lambda^*_{p-1}|}{\beta_1} \leq \frac{|\lambda^*_p|}{G(x_p;\beta_1)}$ ist, gilt nach Lemma 6 für alle

$\alpha\in[\beta_1,\ \infty)$

$\frac{|\lambda^*_{p-1}|}{\alpha} \leq \frac{|\lambda^*_p|}{G(x_p;\alpha)}$ und damit ist

$\underset{\alpha\in[\beta_1,\ \infty)}{\mathrm{supremum}}\ |\lambda_p^{(1)}(x_p;\alpha)| = \frac{|\lambda^*_{p-1}|}{\beta}$.

Falls $\frac{|\lambda^*_{p-1}|}{\beta_1} > \frac{|\lambda^*_p|}{G(x_p;\beta_1)}$ ist, existiert nach Lemma 6 eine

eindeutig bestimmte Nullstelle $z(x_p)$ von $F(x_p;\cdot)$; also

ist mit Lemma 6

$$\underset{\alpha\in[\beta_1,\ \infty)}{\mathrm{supremum}}\ |\lambda_p^{(1)}(x_p;\alpha)| = \underset{\alpha\in[\beta_1, z(x_p))}{\mathrm{supremum}}\ |\lambda_p^{(1)}(x_p;\alpha)| =$$

$$= \frac{|\lambda^*_p|}{G(x_p;z(x_p))}$$

und dann gilt die Behauptung.

BEISPIELE

Die Beispiele wurden auf der Rechenanlage TR440 des Leibniz-Rechenzentrums der Bayerischen Akademie der Wissenschaften gerechnet.

1) Die Schrankenkonstruktion S ist in dem Sinn optimal, daß es Tridiagonalmatrizen $A,B \in \mathbb{R}^{3,3}$ gibt, so daß für alle p=1,2,3 die Schranke S(p) gleich dem Eigenwert λ_p der Aufgabe $Ax=\lambda Bx$ ist. Wenn T(a,b,n) die Tridiagonalmatrix aus $\mathbb{R}^{n,n}$ mit a in der Hauptdiagonalen und b in den beiden Nebendiagonalen bezeichnet, wähle man dazu A := T(5,0.5,3), B := T(4,0.1,3). Es ergeben sich folgende Werte:

i	λ_i^*	β_i^*	$S(i)=\lambda_i$
1	5.7071067	4.1414213	1.3780550
2	5.0000000	4.0000000	1.2500000
3	4.2928932	3.8585786	1.1125581

2) Die Erscheinung, daß die Schranke S(p) gleich dem Eigenwert werden kann sei noch an folgenden Ergebnissen demonstriert:
Gerechnet wurde A := T(5,0.5,n), B := T(4,0.1,n);
für n=30,60,90 zeigt sich, daß für p=1,...,6 gilt: $S(p)=\lambda_p$. Für A:=T(2,-1,n), B:=T(4,1,n) ergibt sich bei n=30 für p=21,...,30 : $S(p)=\lambda_p$ und bei n=90 für p=79, ...,90 : $S(p)=\lambda_p$.

Im Gegensatz zu den oben angeführten Beispielen lassen sich Beispiele kontruieren, in denen für kein p $S(p)=\lambda_p$ ist und die Schranken nicht trennend zwischen den Eigenwerten λ_p liegen.

LITERATUR

1 Collatz, L.: Eigenwertaufgaben mit technischen Anwendungen. Leipzig, Akademische Verlagsgesellschaft 1963.

2 Sauer, R. und Szabo, I.: Mathematische Hilfsmittel des Ingenieurs. Berlin, Heidelberg, New York, Springer-Verlag 1969.

3 Schellhaas, H.: Zur Berechnung unterer Eigenwertschranken beim allgemeinen Eigenwertproblem mit Anwendung auf die Plattenbeulung. ZAMM 48 (1968) T99-T102.

4 Weinstein, A.: On the Sturm-Liouville theory and the Eigenvalues of Intermediate Problems. Num. Math. 5 (1963) 238-245.

5 Weinstein, A. and Stenger, W.: Methods of Intermediate Problems for Eigenvalues. New York, London, Academic Press. 1972.

6 Wilkinson, J.H.: The Algebraic Eigenvalue Problem. Oxford, Clarendon Press. 1965.

Dr. Walter R. Richert
Mathematisches Institut der Ludwig-Maximilians-Universität München
8000 München 2, Theresienstraße 39

ISNM 28 Birkhäuser Verlag, Basel und Stuttgart, 1975

FINITE ELEMENTE BEI EINFACHEN EIGENWERTAUFGABEN. FESTSTELLUNGEN UND KURIOSITAETEN

Hans-Rudolf Schwarz

The simple eigenvalue problems of the vibrating string and the vibrating beam are treated by the method of finite elements using the different types of quadratic up to quintic elements. The resulting equations are interpreted as difference equations and their local truncation errors are analyzed and discussed. To solve the general algebraic eigenvalue problems the method of coordinate overrelaxation is applied. It is found that the asymptotic convergence of the algorithm depends in a substantial way on the type of the element. Finally, the condition numbers of the stiffness matrices for quartic and quintic elements behave amazingly.

1. Einleitung. Um mögliche Analogien zwischen der Methode der finiten Elemente und den klassischen Differenzenmethoden aufzudecken, betrachten wir im speziellen nur Eigenwertaufgaben. Um die anvisierte Problemstellung mit vertretbarem Aufwand bewältigen zu können und um möglichst durchsichtige Ergebnisse zu erhalten, betrachten wir die einfachen eindimensionalen Eigenwertprobleme der schwingenden homogenen und beidseitig eingespannten Saite und des beidseitig gelenkig gelagerten homogenen Balkens. Diese Eigenwertaufgaben wurden mit quadratischen, kubischen, quartischen und quintischen Elementen behandelt. Es soll hier über einige überraschende Feststellungen berichtet werden, wobei aber nur die interessanteren Fälle ausführlich und explizit dargestellt werden.

2. Die eindimensionalen Elemente. Die betrachteten Elemente sind in Tabelle 1 zusammengestellt. Allgemein bedeutet H die Länge des Elementes und h den Abstand benachbarter Knotenpunkte.

Im Fall des quadratischen Elementes und der ersten Typen der übrigen Elemente wird das Polynom durch Funktionswerte an entsprechend vielen gleichabständigen Knotenpunkten festgelegt. Bei den zweiten und dritten Typen werden auch noch erste Ableitungen in Knotenpunkten verwendet, wodurch die Stetigkeit der Ableitung gewährleistet wird. Beim quintischen Element des vierten Typus definieren die Funktionswerte zusammen mit den ersten und zweiten Ableitungen in den Endpunkten das Polynom fünften Grades.

3. Lokale Diskretisationsfehler. Die Elemente führen über die entsprechenden Steifigkeits- und Massenmatrizen zu den zugehörigen algebraischen Eigenwertproblemen. Bei konstanter Elementlänge H wiederholen sich die resultierenden Gleichungen gruppenweise. Die einzelnen Operatorgleichungen lassen sich als Differenzenapproximationen der entsprechenden Differentialgleichung interpretieren und damit kann der lokale Diskretisationsfehler bestimmt werden. Es sollte somit möglich sein, auf diese Art die Fehlerordnung schlechthin zu ermitteln. Die Ergebnisse zeigen jedoch ein recht vielfältiges Bild.

Für das Eigenwertproblem der schwingenden Saite

$$(1)\qquad y'' + \lambda y = 0, \qquad y(0) = y(1) = 0$$

liefern quadratische Elemente zwei Gleichungstypen zugehörig zu den Endpunkten und den Mittelpunkten der Elemente. In jedem Knotenpunkt, in welchem zwei Elemente zusammenstossen, ist eine Operatorgleichung (2) zuständig.

$$(2)\quad \overset{1}{\circ}-\overset{-8}{\circ}-\overset{14}{\bullet}-\overset{-8}{\circ}-\overset{1}{\circ}\cdot y - \lambda\frac{H^2}{10}\ \overset{-1}{\circ}-\overset{2}{\circ}-\overset{8}{\bullet}-\overset{2}{\circ}-\overset{-1}{\circ}\cdot y = 0$$

Tabelle 1 Die eindimensionalen Elemente

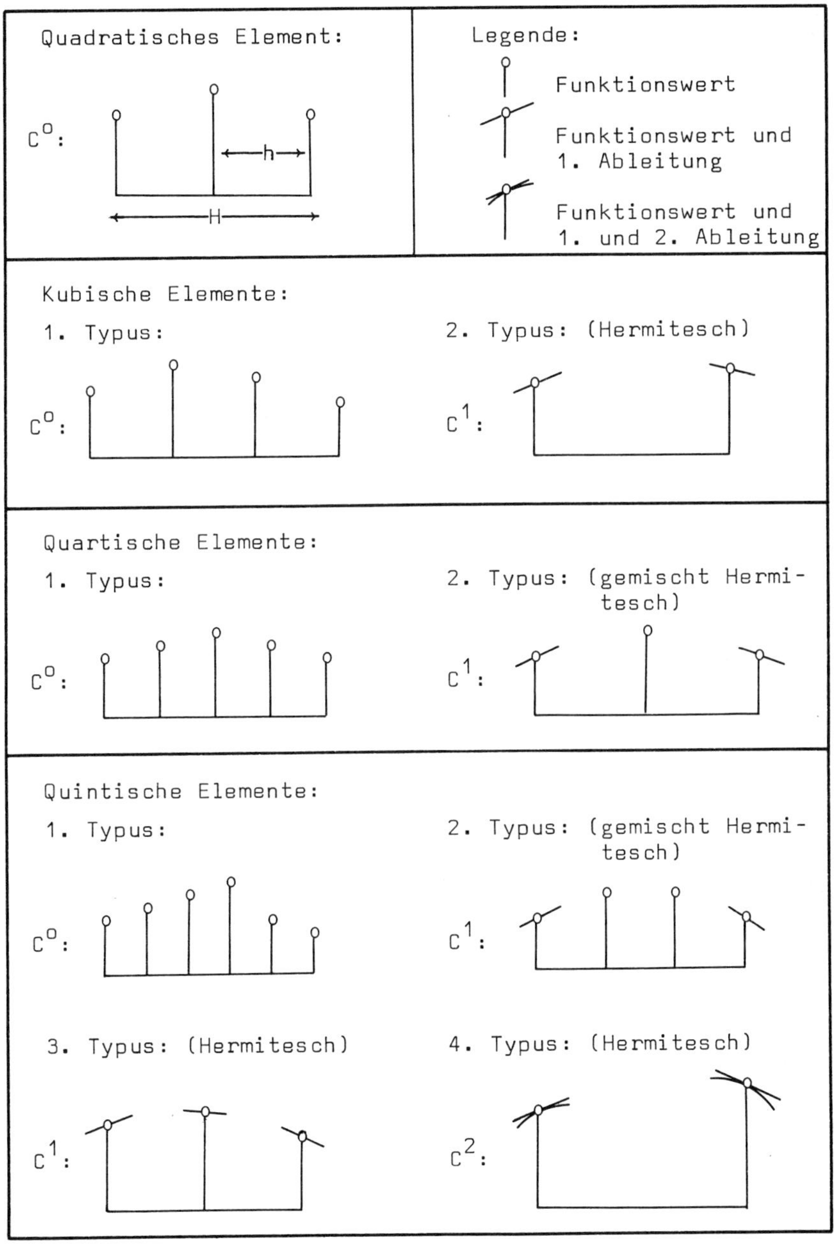

Um den Diskretisationsfehler von (2) zu bestimmen, befreie ich alle Terme des zweiten Teils mit Ausnahme des zentralen Wertes vom störenden Faktor λ, indem ich sie im Sinne eines Mehrstellenverfahrens mit Hilfe der Differentialgleichung ersetze. Mit H = 2h ergibt sich so die modifizierte Operatorgleichung

$$(3)\qquad \overset{1}{\circ}\!-\!\!-\!\overset{-8}{\circ}\!-\!\!-\!\overset{14}{\bullet}\!-\!\!-\!\overset{-8}{\circ}\!-\!\!-\!\overset{1}{\circ}\cdot y + \frac{2h^2}{5}\;\overset{-1}{\circ}\!-\!\!-\!\overset{2}{\circ}\!-\!\!-\!\overset{0}{\bullet}\!-\!\!-\!\overset{2}{\circ}\!-\!\!-\!\overset{-1}{\circ}\cdot y'' - \frac{16}{5}\lambda h^2 y = 0.$$

Die übliche Technik der Taylorreihe ergibt, dass (3), abgesehen von einer multiplikativen Konstanten, äquivalent ist zu

$$(4)\qquad \boxed{y'' + \lambda y + \frac{1}{24}h^2 y^{(4)} + \frac{7}{72}h^4 y^{(6)} + \cdots = 0}$$

In jedem Mittelpunkt der Elemente ist die kürzere Operatorgleichung (5) gültig.

$$(5)\qquad \overset{-8}{\circ}\!-\!\!-\!\overset{16}{\bullet}\!-\!\!-\!\overset{-8}{\circ}\cdot y - \lambda\frac{H^2}{10}\;\overset{2}{\circ}\!-\!\!-\!\overset{16}{\bullet}\!-\!\!-\!\overset{2}{\circ}\cdot y = 0$$

Die analoge Substitution wie oben ergibt anstelle von (5)

$$(6)\qquad \overset{-8}{\circ}\!-\!\!-\!\overset{16}{\bullet}\!-\!\!-\!\overset{-8}{\circ}\cdot y + \frac{2h^2}{5}\;\overset{2}{\circ}\!-\!\!-\!\overset{0}{\bullet}\!-\!\!-\!\overset{2}{\circ}\cdot y'' - \frac{32}{5}\lambda h^2 y = 0\,,$$

und dies ist äquivalent zu

$$(7)\qquad \boxed{y'' + \lambda y - \frac{1}{48}h^2 y^{(4)} - \frac{1}{144}h^4 y^{(6)} - \cdots = 0}$$

Die Ergebnisse (4) und (7) zeigen, dass die lokalen Diskretisationsfehler in beiden Fällen von der Ordnung 2 sind. Bemerkenswert sind die entgegengesetzten Vorzeichen der Hauptanteile der Fehler. Hat die vierte Ableitung konstantes Vorzeichen, was für die Grundschwingung im ganzen Intervall und für die höheren Schwingungsformen je in Teilintervallen zutrifft, besitzen die Diskretisationsfehler alternierende Vorzeichen. Dies ist zumindest anschaulich ein recht plausibles Resultat.

Die Operatorgleichungen, zugehörig zu den kubischen, quartischen und quintischen Elementen des Typus 1 weisen Diskretisationsfehler auf, welche gar nicht den Erwartungen entsprechen. Im kubischen Fall stellt man nur je einen Fehler der Ordnung 2 fest (Tabelle 2).

Tabelle 2 Kubisches Element, 1. Typus

$$\overset{-13}{\circ}-\overset{54}{\circ}-\overset{-189}{\circ}-\overset{296}{\bullet}-\overset{-189}{\circ}-\overset{54}{\circ}-\overset{-13}{\circ}\cdot y$$

$$-\lambda\frac{H^2}{42}\ \overset{19}{\circ}-\overset{-36}{\circ}-\overset{99}{\circ}-\overset{256}{\bullet}-\overset{99}{\circ}-\overset{-36}{\circ}-\overset{19}{\circ}\cdot y = 0$$

$$y'' + \lambda y + \frac{21}{256}h^2 y^{(4)} - \frac{1}{32}h^4 y^{(6)} + \cdots = 0$$

$$\overset{-189}{\circ}-\overset{432}{\bullet}-\overset{-297}{\circ}-\overset{54}{\circ}\cdot y - \lambda\frac{H^2}{42}\ \overset{99}{\circ}-\overset{648}{\bullet}-\overset{-81}{\circ}-\overset{-36}{\circ}\cdot y = 0$$

$$y'' + \lambda y - \frac{7}{432}h^2 y^{(4)} + \frac{5}{216}h^3 y^{(5)} - \cdots = 0$$

$$\overset{54}{\circ}-\overset{-297}{\circ}-\overset{432}{\bullet}-\overset{-189}{\circ}\ y - \lambda\frac{H^2}{42}\ \overset{-36}{\circ}-\overset{-81}{\circ}-\overset{648}{\bullet}-\overset{99}{\circ}\cdot y = 0$$

$$y'' + \lambda y - \frac{7}{432}h^2 y^{(4)} - \frac{5}{216}h^3 y^{(5)} - \cdots = 0$$

Im quartischen Fall werden Fehlerordnungen 4 und 3 konstatiert, wahrscheinlich bedingt durch die Unsymmetrie der einbezogenen Knotenpunkte. Schliesslich sind die Diskretisationsfehler im Fall quintischer Elemente alle von der Ordnung 4. In allen Fällen ist eine charakteristische Vorzeichenverteilung der Hauptdiskretisationsfehler zu beobachten.

Die zu den restlichen Elementen gehörenden Operatorgleichungen verknüpfen neben den Funktionswerten auch noch Werte von ersten und zweiten Ableitungen in gewissen Knotenpunkten. Um in diesen Fällen die Terme $\lambda y'$ und $\lambda y''$ im Sinn der Mehrstellenverfahren zu eliminieren, wird die einmal, bzw. zweimal differenzierte Differentialgleichung verwendet.

Betrachten wir ausführlich die beiden Operatorgleichungen im Fall des kubischen Elementes vom 2. Typus. Die Operatorgleichung bezüglich des Funktionswertes lautet

$$(8)\qquad \begin{aligned} &\overset{-36}{\circ}\text{——}\overset{72}{\bullet}\text{——}\overset{-36}{\circ}\cdot y + \overset{-3}{\circ}\text{——}\overset{0}{\bullet}\text{——}\overset{3}{\circ}\cdot Hy' \\ &- \lambda\frac{H^2}{14}\Big(\overset{54}{\circ}\text{——}\overset{312}{\bullet}\text{——}\overset{54}{\circ}\cdot y + \overset{13}{\circ}\text{——}\overset{0}{\bullet}\text{——}\overset{-13}{\circ}\cdot Hy'\Big) = 0\ . \end{aligned}$$

Mit der erwähnten Substitution geht dies mit $H = h$ über in

$$(9)\qquad \begin{aligned} &\overset{-36}{\circ}\text{——}\overset{72}{\bullet}\text{——}\overset{-36}{\circ}\cdot y + \overset{-3}{\circ}\text{——}\overset{0}{\bullet}\text{——}\overset{3}{\circ}\cdot Hy' \\ &+ \lambda\frac{h^2}{14}\Big(\overset{54}{\circ}\text{——}\overset{0}{\bullet}\text{——}\overset{54}{\circ}\ y'' + \overset{13}{\circ}\text{——}\overset{0}{\bullet}\text{——}\overset{-13}{\circ}\ hy'''\Big) - \frac{156}{7}\lambda h^2 y = 0 \end{aligned}$$

Nach der Technik der Taylorreihe ist dies äquivalent zu

$$(10)\qquad \boxed{y'' + \lambda y + \frac{1}{585}h^4 y^{(6)} + \frac{1}{416}h^6 y^{(8)} + \cdots = 0}$$

Die Fehlerordnung dieser verallgemeinerten Differenzengleichung beträgt somit 4.

Bearbeitet man die andere Operatorgleichung bezüglich der ersten Ableitung, nämlich

$$(11)\qquad \begin{aligned} &\overset{3}{\circ}\text{——}\overset{0}{\bullet}\text{——}\overset{-3}{\circ}\cdot y + \overset{-1}{\circ}\text{——}\overset{8}{\bullet}\text{——}\overset{-1}{\circ}\cdot Hy' \\ &- \lambda\frac{H^2}{14}\Big(\overset{-13}{\circ}\text{——}\overset{0}{\bullet}\text{——}\overset{13}{\circ}\ y + \overset{-3}{\circ}\text{——}\overset{8}{\bullet}\text{——}\overset{3}{\circ}\ Hy'\Big) = 0 \end{aligned}$$

nach demselben Prinzip, entspricht sie

$$(12)\qquad \boxed{y''' + \lambda y' + \frac{1}{15}h^2 y^{(5)} + \frac{1}{90}h^4 y^{(7)} + \cdots = 0}$$

Die verallgemeinerte Differenzengleichung (11) stellt also eine Approximation der einmal abgeleiteten Differentialgleichung dar, aber mit einem Diskretisationsfehler der Ordnung 2.

Die Methode der finiten Elemente liefert in diesem Fall Operatorgleichungen, welche entweder die gegebene oder aber die abgeleitete Differentialgleichung approximieren und dies mit verschiedener Fehlerordnung. Diese Tatsache gilt auch für die weiteren finiten Elemente.

Die Operatorgleichungen im Fall von quartischen Elementen des Typus 2 bezüglich des Wertes und der ersten Ableitung im Endpunkt des Elementes besitzen die Fehlerordnungen 4 und 2, während die Gleichung bezüglich des Funktionswertes im Mittelpunkt sogar die Ordnung 6 aufweist (Tabelle 3). Die Fehlerordnungen sind hier eigenartig vermischt.

Tabelle 3 Quartisches Element, 2. Typus

$$\overset{4}{\circ}-\overset{-512}{\circ}-\overset{1016}{\bullet}-\overset{512}{\circ}-\overset{4}{\circ}\cdot y + \overset{-13}{\circ}-\overset{0}{\circ}-\overset{0}{\bullet}-\overset{0}{\circ}-\overset{13}{\circ}\cdot Hy'$$

$$- \lambda\frac{H^2}{6}\Big(\overset{-46}{\circ}-\overset{80}{\circ}-\overset{520}{\bullet}-\overset{80}{\circ}-\overset{-46}{\circ}\cdot y + \overset{-7}{\circ}-\overset{0}{\circ}-\overset{0}{\bullet}-\overset{0}{\circ}-\overset{7}{\circ}\cdot Hy'\Big) = 0$$

$$y'' + \lambda y - \frac{3}{650}h^4 y^{(6)} - \frac{241}{81900}h^6 y^{(8)} - \cdots = 0$$

$$\overset{13}{\circ}-\overset{16}{\circ}-\overset{0}{\bullet}-\overset{-16}{\circ}-\overset{-13}{\circ}\cdot y + \overset{5}{\circ}-\overset{0}{\circ}-\overset{32}{\bullet}-\overset{0}{\circ}-\overset{5}{\circ}\cdot Hy'$$

$$- \lambda\frac{H^2}{6}\Big(\overset{7}{\circ}-\overset{-8}{\circ}-\overset{0}{\bullet}-\overset{8}{\circ}-\overset{-7}{\circ}\cdot y + \overset{1}{\circ}-\overset{0}{\circ}-\overset{4}{\bullet}-\overset{0}{\circ}-\overset{1}{\circ}\cdot Hy'\Big) = 0$$

$$y''' + \lambda y' - \frac{3}{20}h^2 y^{(5)} - \frac{11}{120}h^4 y^{(7)} - \cdots = 0$$

$$\overset{-512}{\circ}-\overset{1024}{\bullet}-\overset{-512}{\circ}\cdot y + \overset{-16}{\circ}-\overset{0}{\bullet}-\overset{16}{\circ}\cdot Hy'$$

$$- \lambda\frac{H^2}{6}\Big(\overset{80}{\circ}-\overset{512}{\bullet}-\overset{80}{\circ}\cdot y + \overset{8}{\circ}-\overset{0}{\bullet}-\overset{-8}{\circ}\ Hy'\Big) = 0$$

$$y'' + \lambda y + \frac{1}{8064}h^6 y^{(8)} + \frac{1}{201600}h^8 y^{(10)} + \cdots = 0$$

Die Operatorgleichungen, welche aus dem quintischen Element des 2. Typus resultieren, weisen nur die Fehlerordnung 4 auf. Immerhin besteht wieder die charakteristische Vorzeichenverteilung der Hauptfehler.

Die quintischen Elemente des 3. Typus liefern Operatorgleichungen, deren Fehlerordnung je 6 beträgt im Fall der Gleichungen bezüglich der Funktionswerte und 4 für die Gleichungen bezüglich der ersten Ableitung (Tabelle 4). Im Vergleich zum vorhergehenden Element dürfte der höhere symmetrische Aufbau des Elementes dafür verantwortlich sein.

Tabelle 4 Quintisches Element, 3. Typus

$\overset{-132}{\circ}-\overset{-1536}{\circ}-\overset{3336}{\bullet}-\overset{-1536}{\circ}-\overset{-132}{\circ}\cdot y$ $+\ \overset{9}{\circ}-\overset{-240}{\circ}-\overset{0}{\bullet}-\overset{240}{\circ}-\overset{-9}{\circ}\cdot Hy'$ $-\ \lambda\frac{H^2}{22}\Big(\overset{262}{\circ}-\overset{880}{\circ}-\overset{4184}{\bullet}-\overset{880}{\circ}-\overset{262}{\circ}\cdot y$ $+\ \overset{29}{\circ}-\overset{160}{\circ}-\overset{0}{\bullet}-\overset{-160}{\circ}-\overset{-29}{\circ}\cdot Hy'\Big) = 0$ $y'' + \lambda y + \frac{34}{164745}h^6 y^{(8)} + \frac{601}{6589800}h^8 y^{(10)} + \cdots = 0$
$\overset{-9}{\circ}-\overset{48}{\circ}-\overset{0}{\bullet}-\overset{-48}{\circ}-\overset{9}{\circ}\cdot y + \overset{-5}{\circ}-\overset{-8}{\circ}-\overset{56}{\bullet}-\overset{-8}{\circ}-\overset{-5}{\circ}\cdot Hy'$ $-\ \lambda\frac{H^2}{22}\Big(\overset{-29}{\circ}-\overset{-88}{\circ}-\overset{0}{\bullet}-\overset{88}{\circ}-\overset{29}{\circ}\cdot y + \overset{-3}{\circ}-\overset{-12}{\circ}-\overset{16}{\bullet}-\overset{-12}{\circ}-\overset{-3}{\circ}\ Hy'\Big) = 0$ $y''' + \lambda y' + \frac{107}{5040}h^4 y^{(7)} + \frac{359}{60480}h^6 y^{(9)} + \cdots = 0$
$\overset{-1536}{\circ}-\overset{3072}{\bullet}-\overset{-1536}{\circ}\cdot y + \overset{-48}{\circ}-\overset{0}{\bullet}-\overset{48}{\circ}\cdot Hy'$ $-\ \lambda\frac{H^2}{22}\Big(\overset{880}{\circ}-\overset{5632}{\bullet}-\overset{880}{\circ}\cdot y + \overset{88}{\circ}-\overset{0}{\bullet}-\overset{-88}{\circ}\cdot Hy'\Big) = 0$ $y'' + \lambda y + \frac{1}{8064}h^6 y^{(8)} + \frac{1}{20160}h^8 y^{(10)} + \cdots = 0$
$\overset{240}{\circ}-\overset{0}{\bullet}-\overset{-240}{\circ}\cdot y + \overset{-8}{\circ}-\overset{256}{\bullet}-\overset{-8}{\circ}\cdot Hy'$ $-\ \lambda\frac{H^2}{22}\Big(\overset{-160}{\circ}-\overset{0}{\bullet}-\overset{160}{\circ}\cdot y + \overset{-12}{\circ}-\overset{128}{\bullet}-\overset{-12}{\circ}\cdot Hy'\Big) = 0$ $y''' + \lambda y' + \frac{1}{2520}h^4 y^{(7)} + \frac{1}{17280}h^6 y^{(9)} + \cdots = 0$

Schliesslich verknüpft jede der drei verschiedenen Operatorgleichungen im Fall des quintischen Elementes des 4. Typus die Funktionswerte und die ersten und zweiten Ableitungen. Auffällig am Resultat der Analyse des lokalen Diskretisationsfehlers ist die konsequente Abnahme der Ordnung um zwei (Tabelle 5).

Von den analogen Untersuchungen für das Balkenproblem soll nur das seltsamste Ergebnis im Fall des quintischen Elementes des Typus 4 angegeben werden. Die drei Gleichungstypen bezüglich des Funktionswertes, der ersten und

Tabelle 5 Quintisches Element, 4. Typus

$\underset{\circ}{-900}\text{---}\underset{\bullet}{1800}\text{---}\underset{\circ}{-900}\cdot y+\underset{\circ}{-135}\text{---}\underset{\bullet}{0}\text{---}\underset{\circ}{135}\cdot Hy'$
$+\ \underset{\circ}{-15}\text{---}\underset{\bullet}{30}\text{---}\underset{\circ}{-15}\cdot\frac{1}{2}H^2y''-\lambda\frac{H^2}{44}\Big(\underset{\circ}{3000}\text{---}\underset{\bullet}{21720}\text{---}\underset{\circ}{3000}\cdot y$
$+\ \underset{\circ}{906}\text{---}\underset{\bullet}{0}\text{---}\underset{\circ}{-906}\cdot Hy'+\underset{\circ}{181}\text{---}\underset{\bullet}{562}\text{---}\underset{\circ}{181}\cdot\frac{1}{2}H^2y''\Big)=0$
$y''+\lambda y-\frac{211}{18244800}h^6y^{(8)}-\frac{71}{43787520}h^8y^{(10)}-\dots=0$
$\underset{\circ}{135}\text{---}\underset{\bullet}{0}\text{---}\underset{\circ}{-135}\cdot y+\underset{\circ}{-9}\text{---}\underset{\bullet}{288}\text{---}\underset{\circ}{-9}\cdot Hy'$
$+\ \underset{\circ}{-6}\text{---}\underset{\bullet}{0}\text{---}\underset{\circ}{6}\cdot\frac{1}{2}H^2y''-\lambda\frac{H^2}{44}\Big(\underset{\circ}{-906}\text{---}\underset{\bullet}{0}\text{---}\underset{\circ}{906}\cdot y$
$+\ \underset{\circ}{-266}\text{---}\underset{\bullet}{832}\text{---}\underset{\circ}{-266}\cdot Hy'+\underset{\circ}{-52}\text{---}\underset{\bullet}{0}\text{---}\underset{\circ}{52}\ \frac{1}{2}H^2y''\Big)=0$
$y'''+\lambda y'-\frac{3}{7280}h^4y^{(7)}-\frac{17}{262080}h^6y^{(9)}-\dots=0$
$\underset{\circ}{-15}\text{---}\underset{\bullet}{30}\text{---}\underset{\circ}{-15}\cdot y+\underset{\circ}{6}\text{---}\underset{\bullet}{0}\text{---}\underset{\circ}{-6}\cdot Hy'$
$+\ \underset{\circ}{2}\text{---}\underset{\bullet}{8}\text{---}\underset{\circ}{2}\cdot\frac{1}{2}H^2y''-\lambda\frac{H^2}{44}\Big(\underset{\circ}{181}\text{---}\underset{\bullet}{562}\text{---}\underset{\circ}{181}\cdot y$
$+\ \underset{\circ}{52}\text{---}\underset{\bullet}{0}\text{---}\underset{\circ}{-52}\cdot Hy'+\underset{\circ}{10}\text{---}\underset{\bullet}{24}\text{---}\underset{\circ}{10}\ \frac{1}{2}H^2y''\Big)=0$
$y^{(4)}+\lambda y''-\frac{11}{720}h^2y^{(6)}-\frac{1}{320}h^4y^{(8)}-\dots=0$

zweiten Ableitung besitzen lokale Diskretisationsfehler der Ordnungen 4, 2 und 0 (Tabelle 6). Dieses sonderbare Resultat würde ja die Konsistenz der Operatorgleichung bezüglich der zweiten Ableitung in Frage stellen.

4. Konvergenz der Koordinatenüberrelaxation. Es wurde untersucht, ob und in welchem Mass die Konvergenz der Koordinatenüberrelaxation [3,4] zur Berechnung des kleinsten Eigenwertes und des zugehörigen Eigenvektors vom verwendeten Element und der Zahl der Elemente abhängt. Die asymptotisch gültige lineare Konvergenz des Verfahrens wird durch den subdominanten Eigenwert der betreffenden Iterationsmatrix bestimmt, welcher die lineare Konvergenz der Näherungsvektoren gegen den Eigenvektor beschreibt [4].

Tabelle 6 Quintisches Element, 4. Typus. Balkenproblem

$$\overset{-300}{\circ}\!-\!\overset{600}{\bullet}\!-\!\overset{-300}{\circ}\cdot y + \overset{-150}{\circ}\!-\!\overset{0}{\bullet}\!-\!\overset{150}{\circ}\cdot Hy'$$
$$+ \overset{-15}{\circ}\!-\!\overset{30}{\bullet}\!-\!\overset{-15}{\circ}\cdot \tfrac{1}{2}H^2y'' - \frac{\lambda H^2}{1584}\Big(\overset{3000}{\circ}\!-\!\overset{21720}{\bullet}\!-\!\overset{3000}{\circ}\cdot y$$
$$+ \overset{906}{\circ}\!-\!\overset{0}{\bullet}\!-\!\overset{-906}{\circ}\cdot Hy' + \overset{181}{\circ}\!-\!\overset{562}{\bullet}\!-\!\overset{181}{\circ}\cdot \tfrac{1}{2}H^2y''\Big) = 0$$
$$y^{(4)} - \lambda y - \frac{11}{304080}h^4y^{(8)} - \frac{19}{1303200}h^6y^{(10)} - \cdots = 0$$

$$\overset{150}{\circ}\!-\!\overset{0}{\bullet}\!-\!\overset{-150}{\circ}\cdot y + \overset{54}{\circ}\!-\!\overset{192}{\bullet}\!-\!\overset{54}{\circ}\cdot Hy'$$
$$+ \overset{4}{\circ}\!-\!\overset{0}{\bullet}\!-\!\overset{-4}{\circ}\cdot \tfrac{1}{2}H^2y'' - \frac{\lambda H^2}{1584}\Big(\overset{-906}{\circ}\!-\!\overset{0}{\bullet}\!-\!\overset{906}{\circ}\cdot y$$
$$+ \overset{-266}{\circ}\!-\!\overset{832}{\bullet}\!-\!\overset{-266}{\circ}\cdot Hy' + \overset{-52}{\circ}\!-\!\overset{0}{\bullet}\!-\!\overset{52}{\circ}\cdot \tfrac{1}{2}H^2y''\Big) = 0$$
$$y^{(5)} - \lambda y' + \frac{11}{3640}h^2y^{(7)} + \frac{1}{10920}h^4y^{(9)} + \cdots = 0$$

$$\overset{-15}{\circ}\!-\!\overset{30}{\bullet}\!-\!\overset{-15}{\circ}\cdot y + \overset{-4}{\circ}\!-\!\overset{0}{\bullet}\!-\!\overset{4}{\circ}\cdot Hy'$$
$$+ \overset{1}{\circ}\!-\!\overset{12}{\bullet}\!-\!\overset{1}{\circ}\cdot \tfrac{1}{2}H^2y'' - \frac{\lambda H^2}{1584}\Big(\overset{181}{\circ}\!-\!\overset{562}{\bullet}\!-\!\overset{181}{\circ}\cdot y$$
$$+ \overset{52}{\circ}\!-\!\overset{0}{\bullet}\!-\!\overset{-52}{\circ}\cdot Hy' + \overset{10}{\circ}\!-\!\overset{24}{\bullet}\!-\!\overset{10}{\circ}\cdot \tfrac{1}{2}H^2y''\Big) = 0$$
$$y^{(6)} - \lambda y'' + \frac{11}{20}y^{(6)} + \frac{11}{168}h^2y^{(8)} + \cdots = 0$$

Der Konvergenzquotient ρ wurde auf Grund der Iterationsmatrizen in Abhängigkeit des Relaxationsfaktors ω berechnet. Die Ergebnisse sind in den Figuren 1 bis 8 für das Problem der schwingenden Saite dargestellt. Die an den Kurven angeschriebenen Zahlwerte beziehen sich auf die Anzahl der Elemente, während n die Zahl der unbekannten Parameter bedeutet.

Die graphischen Darstellungen zeigen eindeutig die Tatsache, dass Elemente mit nur Funktionswerten als Parametern (Typus 1) hinsichtlich der Konvergenz der Koordinatenüberrelaxation die von den klassischen Differenzenverfahren wohl bekannten notorisch schlechten Eigenschaften besitzen.

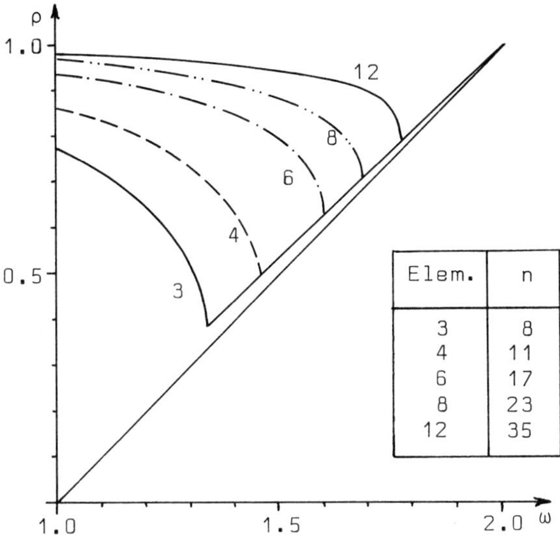

Elem.	n	ω_{opt}	ρ_{opt}
3	8	1.34	0.40
4	11	1.46	0.50
6	17	1.60	0.63
8	23	1.69	0.71
12	35	1.78	0.80

Fig. 1 Kubische Elemente, 1. Typus

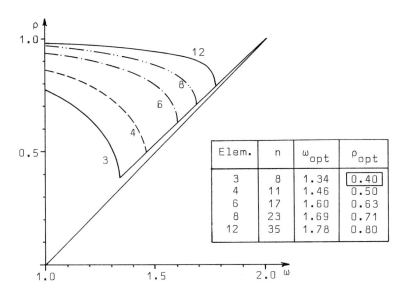

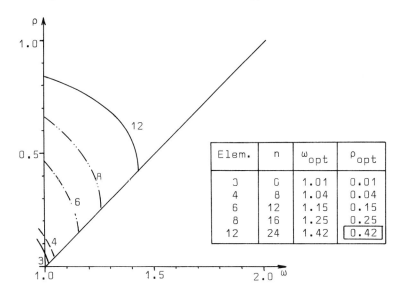

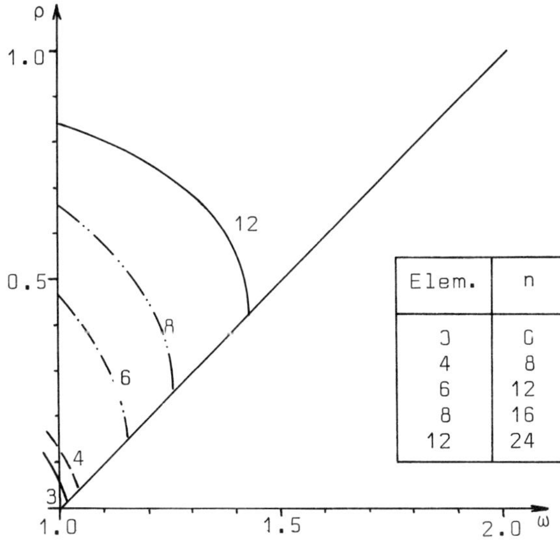

Elem.	n	ω_{opt}	ρ_{opt}
3	6	1.01	0.01
4	8	1.04	0.04
6	12	1.15	0.15
8	16	1.25	0.25
12	24	1.42	0.42

Fig. 2 Kubische Elemente, 2. Typus

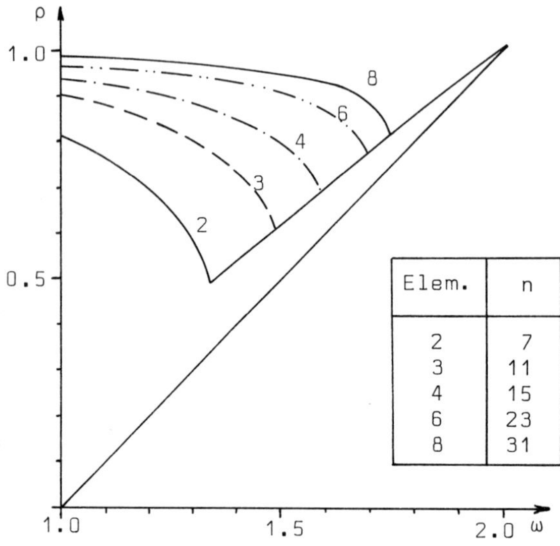

Elem.	n	ω_{opt}	ρ_{opt}
2	7	1.36	0.49
3	11	1.49	0.60
4	15	1.60	0.68
6	23	1.70	0.76
8	31	1.75	0.80

Fig. 3 Quartische Elemente, 1. Typus

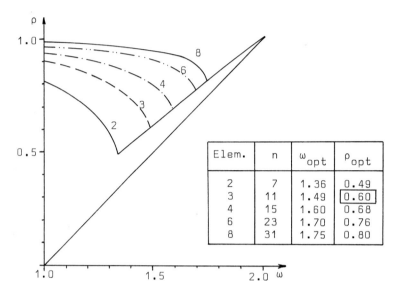

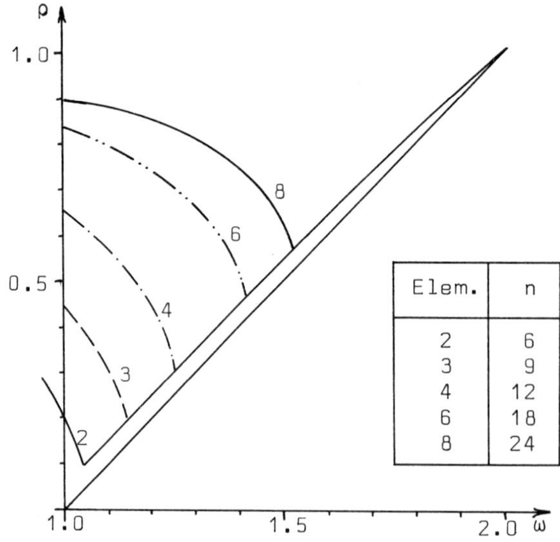

Elem.	n	ω_{opt}	ρ_{opt}
2	6	1.06	0.10
3	9	1.15	0.20
4	12	1.26	0.31
6	18	1.42	0.47
8	24	1.53	0.57

Fig. 4 Quartische Elemente, 2. Typus

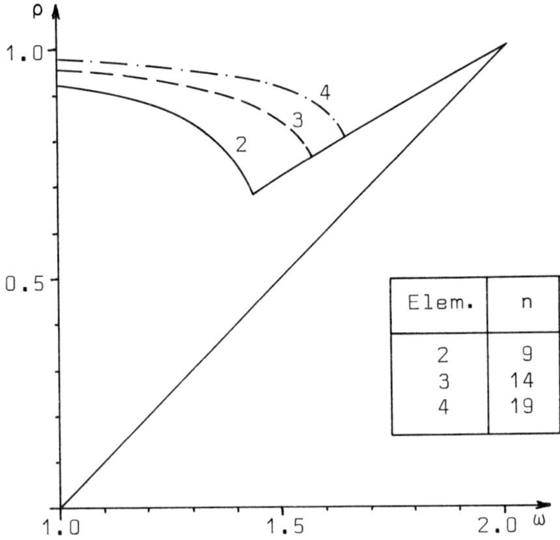

Elem.	n	ω_{opt}	ρ_{opt}
2	9	1.44	0.67
3	14	1.57	0.75
4	19	1.65	0.80

Fig. 5 Quintische Elemente, 1. Typus

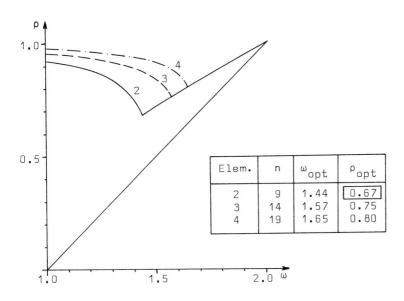

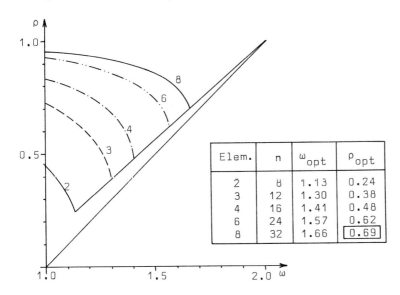

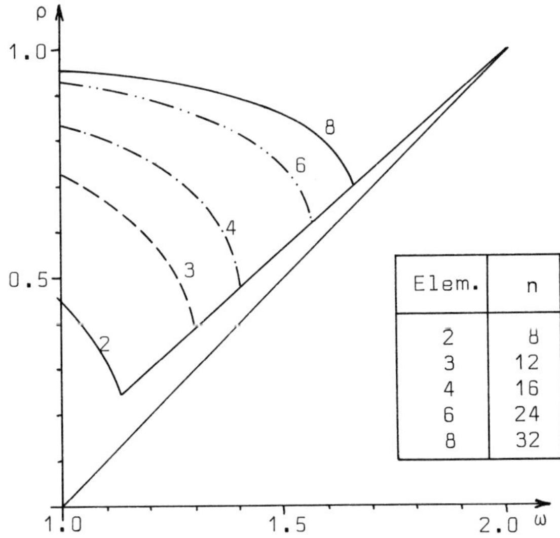

Elem.	n	ω_{opt}	ρ_{opt}
2	8	1.13	0.24
3	12	1.30	0.38
4	16	1.41	0.48
6	24	1.57	0.62
8	32	1.66	0.69

Fig. 6 Quintische Elemente, 2. Typus

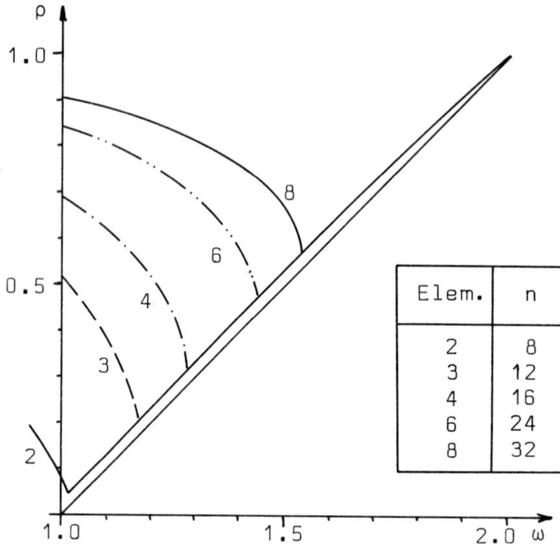

Elem.	n	ω_{opt}	ρ_{opt}
2	8	1.02	0.05
3	12	1.17	0.21
4	16	1.28	0.32
6	24	1.44	0.48
8	32	1.54	0.58

Fig. 7 Quintische Elemente, 3. Typus

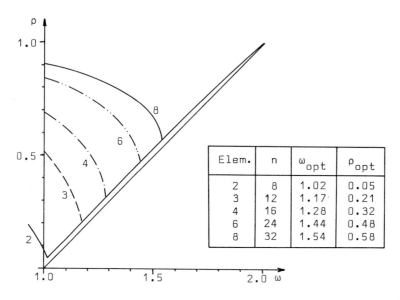

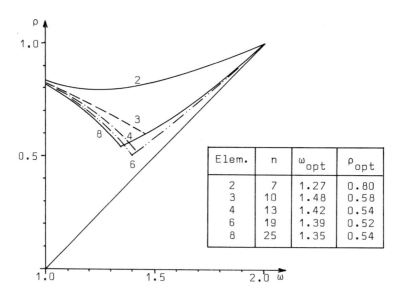

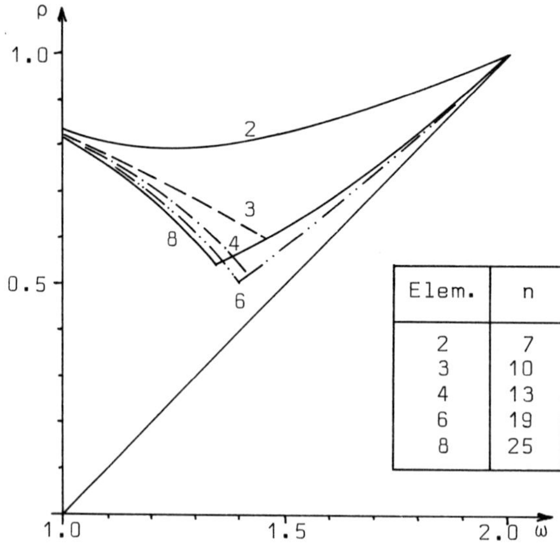

Elem.	n	ω_{opt}	ρ_{opt}
2	7	1.27	0.80
3	10	1.48	0.58
4	13	1.42	0.54
6	19	1.39	0.52
8	25	1.35	0.54

Fig. 8 Quintische Elemente, 4. Typus

Sobald aber in den Elementen noch erste Ableitungen miteinbezogen werden, wird die Konvergenz bedeutend besser. In den Tabellen der Figuren sind vergleichbare optimale Konvergenzquotienten bei gleichem Grad der Elemente hervorgehoben. Man beachte übrigens die phänomenalen optimalen Konvergenzquotienten im Fall von kubischen Elementen des 2. Typus bei kleiner Zahl der Elemente. In weniger ausgeprägter Form stellt man diese Tatsache auch bei den quartischen und quintischen Elementen des 2. und 3. Typus fest.

Das sonderbarste Konvergenzverhalten beobachtet man im Fall der quintischen Elemente des 4. Typus, indem dort der Wert des optimalen Relaxationsfaktors mit zunehmender Anzahl der Elemente sogar abnimmt.

Das Konvergenzverhalten der Koordinatenüberrelaxation zur Berechnung des kleinsten Eigenwertes des schwingenden Balkens in Abhängigkeit von vier in Frage kommenden konformen Elementen ist in den Figuren 9 bis 12 festgehalten. Hier zeichnen sich die kubischen Elemente des 2. Typus und die quintischen Elemente des 4. Typus durch gute Konvergenzeigenschaften aus.

Zu Vergleichszwecken wurde das Problem des schwingenden Balkens auch nach den üblichen Differenzenmethoden behandelt. Betrachtet wurden die einfache Differenzenapproximation

$$y_{i-2} - 4y_{i-1} + 6y_i - 4y_{i+1} + y_{i+2} - \lambda h^4 y_i = 0 , \tag{13}$$

sowie die beiden Mehrstellengleichungen [1]

$$y_{i-2} - 4y_{i-1} + 6y_i - 4y_{i+1} + y_{i+2} - \frac{\lambda h^4}{6}(y_{i-1} + 4y_i + y_{i+1}) = 0 \tag{14}$$

und

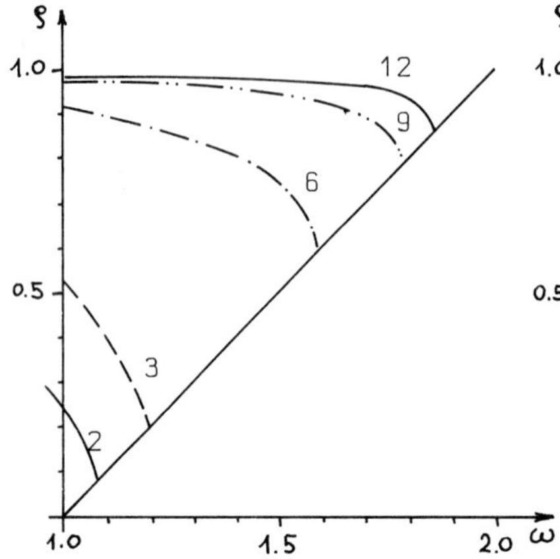

Fig. 9 Kubische Elemente, Balkenschwingung

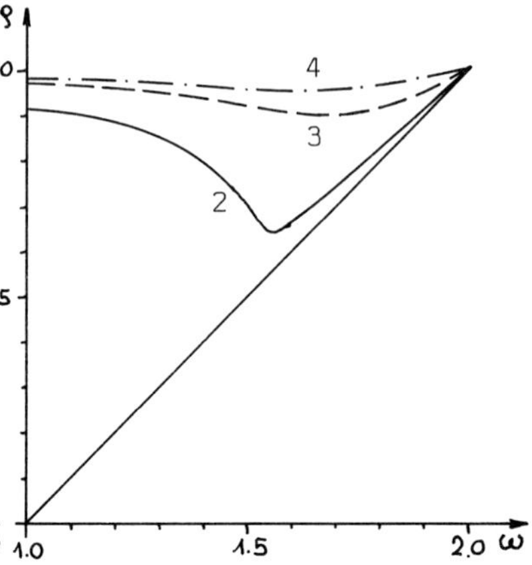

Fig. 10 Quintische Elemente, 2. Typus, Balkenschwingung

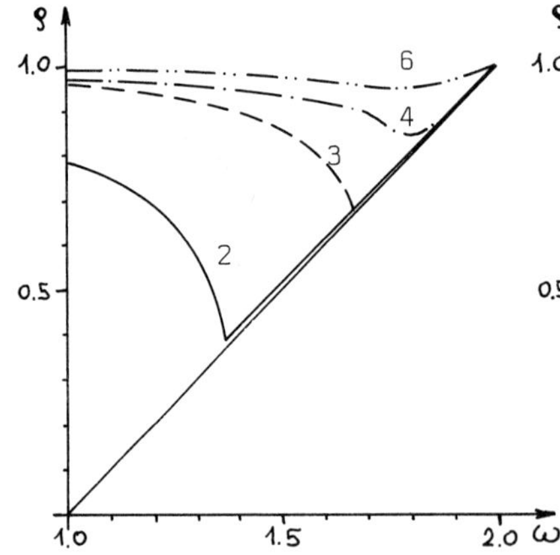

Fig. 11 Quintische Elemente, 3. Typus, Balkenschwingung

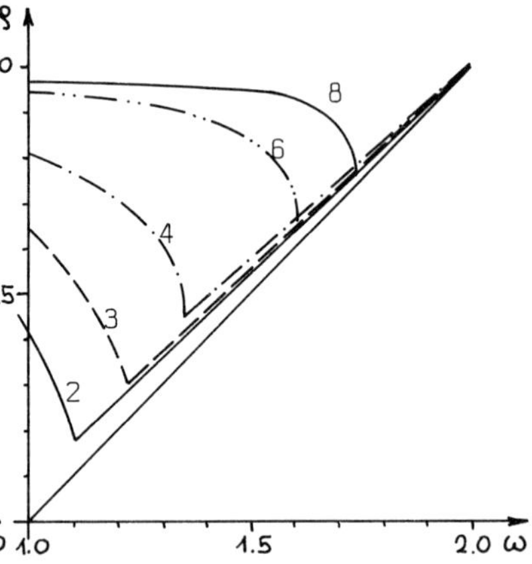

Fig. 12 Quintische Elemente, 4. Typus, Balkenschwingung

$$(15)\quad \begin{aligned} & y_{i-2} - 4y_{i-1} + 6y_i - 4y_{i+1} + y_{i+2} \\ & - \frac{\lambda h^4}{720}(-y_{i-2} + 124y_{i-1} + 474y_i + 124y_{i+1} - y_{i+2}) = 0 \end{aligned}$$

Interessanterweise weist die Koordinatenüberrelaxation für alle drei Fälle dasselbe Konvergenzverhalten auf. Die Figur 13 zeigt das schlechte Konvergenzverhalten schon bei einer relativ kleinen Zahl der Unbekannten. Für $n = 5$ ist der Konvergenzquotient im Intervall $1.5 < \omega < 2$ tatsächlich kleiner als $\omega - 1$. Dieses Beispiel steht in Einklang mit der Aussage des Satzes 6 in [4].

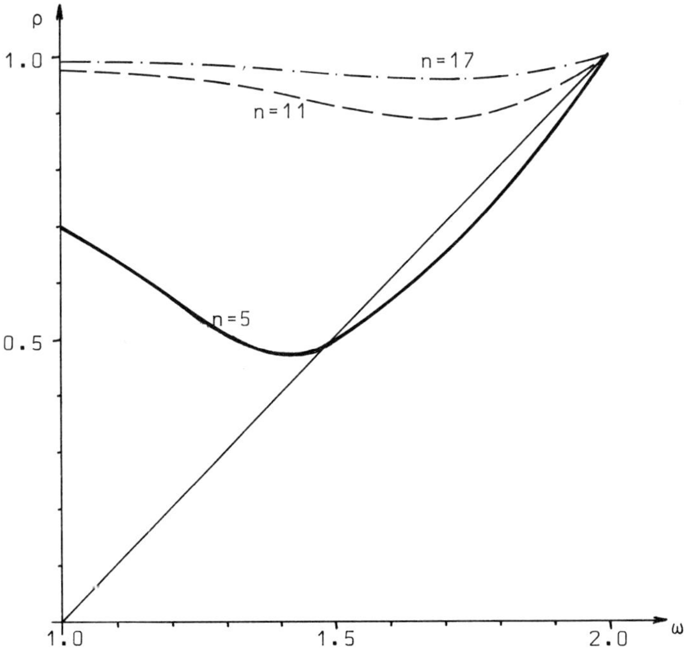

Fig. 13 Konvergenz der Koordinatenüberrelaxation. Differenzenmethoden für Balkenproblem.

5. Konditionszahlen für einige Steifigkeitsmatrizen. Für die Konditionszahlen von Steifigkeitsmatrizen sind für einige Typen von Elementen asymptotisch gültige Abschätzungen bekannt, wonach sie wie $O(H^{-2})$ zunehmen [2]. Die tatsächlich berechneten Konditionszahlen für quartische und quintische Elemente sind in Tabelle 7 in Abhängigkeit der Elementzahl zusammengestellt.

Tabelle 7 Konditionszahlen von Steifigkeitsmatrizen

Ele-mente	Quartische El.		Quintische Elemente			
	1. Typ	2. Typ	1. Typ	2. Typ	3. Typ	4. Typ
2	77	136	221	356	211	3269
3	178	149	502	373	231	4333
4	318	151	897	382	239	4771
6	721	157	2024	392	246	5154
8	1285	167	3610	413	252	5310
12	--	298	--	--	323	5424
16	--	517	--	--	--	--

Für die Elemente des 1. Typus tritt das $O(H^{-2})$-Gesetz klar hervor, während es für quartische Elemente des 2. Typus erst ab 8 Elementen in Erscheinung tritt. Dasselbe gilt vermutlich auch im Fall von quintischen Elementen des 2. und 3. Typus. Die Konditionszahlen der Steifigkeitsmatrizen der quintischen Elemente des 4. Typus scheinen sogar mit zunehmender Elementzahl gegen einen konstanten Wert zu konvergieren, indem die Zunahme immer kleiner wird! Diese kuriose Feststellung steht in einem gewissen Einklang mit dem oben festgestellten Konvergenzverhalten.

Wesentlich ist die Tatsache, dass sich die Konditionszahl unter Berücksichtigung der Genauigkeit der quartischen und quintischen Elemente im Bereich, der für praktische Zwecke in Frage kommt, nicht wesentlich ändert, falls Elemente mit ersten Ableitungen als Parametern verwendet werden.

LITERATUR

[1] Collatz, L.: The numerical treatment of differential equations, 3rd ed. Berlin, Springer 1960.

[2] Fix, G. and G. Strang: An analysis of the finite element method. Prentice-Hall, Englewood Cliffs 1973.

[3] Schwarz, H.R.: The eigenvalue problem $(A - \lambda B)x = 0$ for symmetric matrices of high order. Computer Meth. appl. Mech. and Engin. 3(1974), 11-28.

[4] Schwarz, H.R.: The method of coordinate overrelaxation for $(A - \lambda B)x = 0$. Wird erscheinen in Numer. Math.

Prof. Dr. H.R. Schwarz
Seminar für angew. Mathematik
Universität Zürich
Freiestrasse 36
CH - 8032 Zürich/Schweiz

RANDMAXIMUMSÄTZE BEI GEBIETSZERLEGUNGEN

Wolfgang Wetterling und Peter Kothman

We derive a maximum principle for composite regions which can be applied to include numerically the solution of Dirichlet's problem using an extension of the finite difference method.

Diese Mitteilung enthält nur eine kurze Zusammenfassung einiger Ergebnisse. Eine ausführlichere Darstellung wird vorbereitet. In zwei früheren Arbeiten [4], [5] wurde ein Randmaximumprinzip für zusammengesetzte Bereiche angegeben und numerisch angewendet. Die damaligen Ergebnisse werden hier ergänzt und abgerundet.

In zwei neueren Arbeiten haben Natterer und Werner [1] und Werner [3] mit völlig anderen Methoden Randmaximumsätze für Funktionen mit nur stückweise stetigen Ableitungen hergeleitet, die den Resultaten dieser Arbeit ähnlich, aber nicht äquivalent sind.

Seien $B_1, \ldots, B_N$ beschränkte offene zusammenhängende Mengen im R^m, und sei $B = B_1 \cup \ldots \cup B_N$. Auf den abgeschlossenen Hüllen $\bar{B}_i$ seien stetige reellwertige Funktionen u_i definiert, die die folgende Randmaximumeigenschaft haben:

(a) Wird $\mu_i = \max \{u_i(x);\ x \in \bar{B}_i\}$ in einem inneren Punkt $x \in B_i$ angenommen, so ist $u_i = \text{const.} = \mu_i$ in $\bar{B}_i$.

Funktionen, die bezüglich eines gleichmässig elliptischen linearen Differentialoperators subharmonisch sind, haben diese Eigenschaft [2]. Sei ferner die folgende Bedingung erfüllt:

(b) Ist $x \in \partial B_i$, aber $x \notin \partial B$, so gibt es ein j mit $x \in B_j$ und $u_i(x) \le u_j(x)$.

In [5] wurde gezeigt, dass aus (a) und (b) folgt:

(c) $\mu = \max \mu_i$ wird von einem u_k in einem Randpunkt $x \in \partial B_k \cap \partial B$ angenommen.

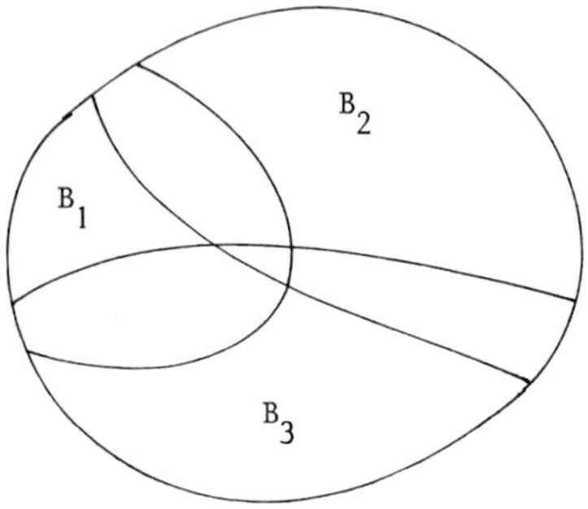

Abb. 1

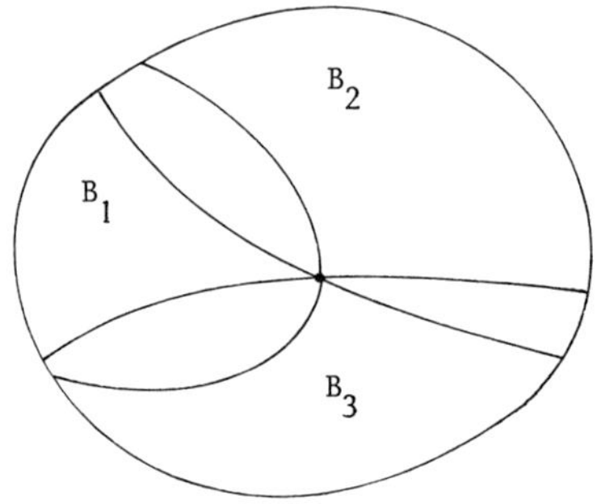

Abb.2

Diese Tatsache kann ausgenutzt werden, um in Gebieten, die wie in Abb. 1 in überlappende Teilgebiete zerlegt sind, die Lösung von Randwertaufgaben zwischen Schranken einzuschliessen. Im Grenzfall gemäss Abb. 2, wo die Ergebnisse von [5] nicht anwendbar sind, ist die folgende, nach Hopf für subharmonische Funktionen ebenfalls geltende Randmaximumeigenschaft (vgl. [2]) brauchbar:

(d) Wird das Maximum μ_i von u_i in einem Punkt $x \in \partial B_i$ angenommen, in dem ∂B_i glatt und u_i differenzierbar ist, und ist die Normalableitung von u_i in x gleich Null, so ist $u_i = \text{const.} = \mu_i$ in B_i.

Für gewisse Randpunkte von B fordern wir die folgende Bedingung:

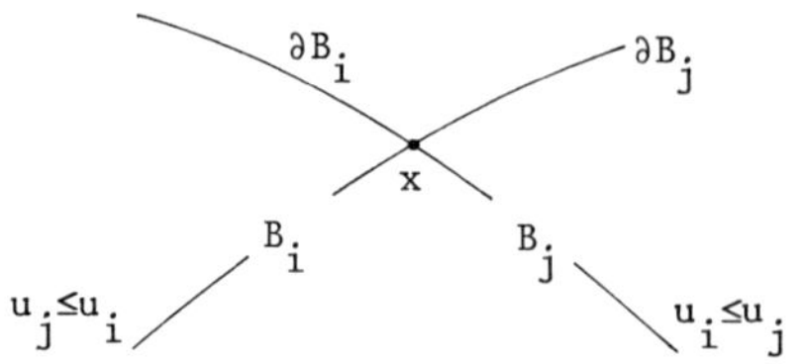

Abb. 3.

(e) x sei wie in Abb. 3 ein Punkt von ∂B, in dem sich zwei Ränder ∂B_i und ∂B_j, die bei x glatt sein mögen, unter einem positiven Winkel schneiden. Auf $\partial B_i \cap B_j \cap V$ (wobei V eine Umgebung von x ist) sei dann $u_i \leq u_j$, und auf $\partial B_j \cap B_i \cap V$ sei $u_j \leq u_i$.

Randpunkte dieses Typs können isolierte Randpunkte sein wie in Abb. 2, aber auch einspringende Ecken. Haben die Funktionen u_i die Randmaximumeigenschaften (a) und (d) und genügen sie der Bedingung (b), so gilt:

(f) $\mu = \max \mu_i$ wird nicht nur in Randpunkten x angenommen, in denen (e) gefordert ist.

Unter einigen weiteren Voraussetzungen kann man sogar die starke Randmaximumeigenschaft nachweisen, dass nämlich alle $u_i = \text{const.} = \mu$ sind, falls nur ein u_i den Maximalwert μ in einem inneren Punkt $x \in B \cap \bar{B}_i$ oder in der Situation von Bedingung (d) in einem Randpunkt mit verschwindender Normalableitung annimmt.

Die Eigenschaft (c) wurde in [4] benutzt, um für die erste Randwertaufgabe bei der Potentialgleichung Lösungsschranken zu berechnen. Dabei wurden Quadratbereiche B_i verwendet, die sich wie in Abb. 4 überlappen. Es wurde mit Polynomlösungen u_i der Potentialgleichung gearbeitet, wobei u_i acht Näherungswerte auf dem Rand von B_i interpoliert. Die Bedingungen in (b) liessen sich dann als Ungleichungen für den durch $\begin{bmatrix} -1 & -4 & -1 \\ -4 & 20 & -4 \\ -1 & -4 & -1 \end{bmatrix}$ gegebenen Mehrstellen-Differenzenoperator schreiben, und diese konnten iterativ gelöst werden.

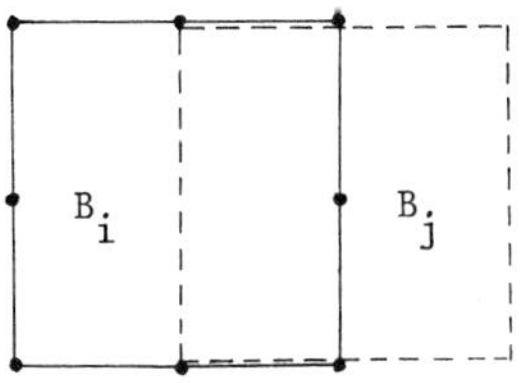

Abb. 4

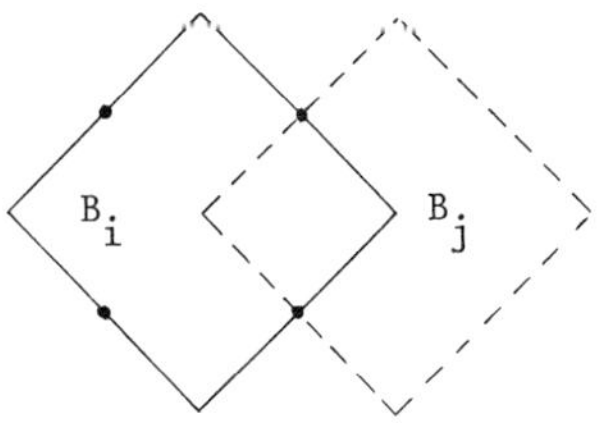

Abb. 5

Den Anstoss zu den hier beschriebenen Untersuchungen gab der Versuch, eine ähnliche Methode für den gewöhnlichen Differenzenoperator $\begin{bmatrix} & -1 & \\ -1 & 4 & -1 \\ & -1 & \end{bmatrix}$ zu entwickeln. Das gelingt tatsächlich unter Benutzung der Bedingung (e) und der Eigenschaft (f). Man arbeitet nun mit Quadratbereichen, die sich wie in Abb. 5 überlappen, und harmonischen Polynomen u_i, die vier Näherungswerte auf dem Rand von B_i interpolieren.

Die wesentliche Bedingung (für obere Schranken) ist nun, dass bei der Anwendung des Differenzenoperators $\begin{bmatrix} & -1 & \\ -1 & 4 & -1 \\ & -1 & \end{bmatrix}$ auf diese Näherungswerte das Resultat stets ≥ 0 sein soll; das gleiche soll für Differenzenoperatoren der beiden Typen $\begin{bmatrix} -1 & & \\ 1 & 2 & -1 \\ -1 & & \end{bmatrix}$ und $\begin{bmatrix} -1 & & \\ 2 & & \\ -2 & 2 & -1 \end{bmatrix}$ gelten, die wie der obige durch Kombination einer zweiten Differenz in x-Richtung und einer solchen in y-Richtung entstehen.

Bei der numerischen Erprobung hat dieses Einschliessungsverfahren bisher nur Schranken geliefert, die wesentlich gröber sind als die mit dem Verfahren nach [5] berechneten. Zum Beispiel ergab sich bei $\Delta U = 0$ in $0 \leq x \leq 1$, $0 \leq y \leq 1$ mit den Randwerten (zugleich Lösung) $\exp(\frac{\pi}{2}x)\cos(\frac{\pi}{2}y)$ die Einschliessung

$$1.45 \leq U(\tfrac{1}{2},\tfrac{1}{2}) = 1.551\ldots \leq 1.66$$

bei Verwendung eines Quadratnetzes der Maschenweite $h = 0.1$ und 81 inneren Gitterpunkten.

Literatur

1. Natterer, F.; Werner, B.: Verallgemeinerung des Maximumprinzips für den Laplace-Operator. Numer. Math. 22 (1974), 149-156.

2. Protter, M.; Weinberger, H.: Maximum Principles in Differential Equations. Englewood Cliffs N.J., Prentice Hall, 1967.

3. Werner, B.: Verallgemeinerte Monotonie bei Differentialgleichungen mit Anwendungen auf Spline-Funktionen. Erscheint demnächst.

4. Wetterling, W.: Lösungsschranken beim Differenzenverfahren zur Potentialgleichung. International Ser. of Num. Math. 9 (1968), 209-222.

5. Wetterling, W.: Lösungsschranken bei elliptischen Differentialgleichungen. International Ser. of Num. Math. 9 (1968), 393-402.

Prof. Dr. W. Wetterling
P. Kothman
Technische Hogeschool Twente
Onderafdeling TW
Postbus 217
Enschede-Drienerlo
Niederlande

ISNM 28 Birkhäuser Verlag, Basel, 1975

CONFORMING FINITE ELEMENT METHODS FOR THE CLAMPED PLATE PROBLEM

J. R. Whiteman

Finite element methods for solving biharmonic boundary value problems are considered. The particular problem discussed is that of a clamped thin plate. This problem is reformulated in a weak form in the Sobolev space W_2^2. Techniques for setting up conforming trial functions for the weak problem are described, and these functions are utilized in a Galerkin technique to produce finite element solutions. The shortcomings of various trial function formulations are discussed, and a macro-element approach to local mesh refinement using rectangular elements is given.

1. Introduction

In this paper we consider the problem of the clamped plate. Here the function $u=u(x,y)$, which at any point (x,y) is the transverse displacement of the plate from its equilibrium position, satisfies

$$\Delta^2[u(x,y)] = f(x,y), \qquad (x,y) \in \Omega \ , \tag{1}$$

$$u(x,y) = \frac{\partial u(x,y)}{\partial n} = 0, \qquad (x,y) \in \partial\Omega, \tag{2}$$

where Ω is a simply connected open bounded domain with boundary $\partial\Omega$, and $\partial/\partial n$ denotes the derivative in the direction of the outward normal to the boundary. It is assumed that the function f satisfies all required continuity conditions, and that the boundary $\partial\Omega$ satisfies certain smoothness conditions (for example a restricted cone condition, see Agmon [1] .) Problem (1)-(2) is called the <u>first biharmonic problem</u>.

The solution of problem (1)-(2) is the function which minimizes the functional

$$I[v] \equiv \iint_\Omega \left\{\left(\frac{\partial^2 v}{\partial x^2}\right)^2 + 2\left(\frac{\partial^2 v}{\partial x \partial y}\right)^2 + \left(\frac{\partial^2 v}{\partial y^2}\right)^2 - 2fv\right\} dx\, dy \tag{3}$$

over the space $\overset{\circ}{W}{}_2^2(\Omega)$. For equation (3) $W_2^2(\Omega) \equiv H^2(\Omega)$ is the Sobolev space of functions which together with their first and second generalized derivatives are in $L_2(\Omega)$, and $\overset{\circ}{W}{}_2^2(\Omega)$ is the subspace of $W_2^2(\Omega)$ functions of which also satisfy the homogeneous boundary conditions (2). The technique of minimizing a functional to solve the problem (1)-(2) is a variational technique.

An alternative approach is to form a weak problem associated with (1)-(2) by multiplying (1) by a test function $v \in \overset{\circ}{W}{}_2^2(\Omega)$ and integrating over Ω. Thus

$$(\Delta^2 u, v) = (f, v) \qquad \forall\, v \in \overset{\circ}{W}{}_2^2(\Omega). \tag{4}$$

After integration by parts and use of the boundary conditions, equation (4) becomes

$$a_1(u,v) = (f,v) \qquad \forall\, v \in \overset{\circ}{W}{}_2^2(\Omega),$$

where

$$a_1(u,v) \equiv \iint_\Omega \left(\frac{\partial^2 u}{\partial x^2} + \frac{\partial^2 u}{\partial y^2}\right)\left(\frac{\partial^2 v}{\partial x^2} + \frac{\partial^2 v}{\partial y^2}\right) dx\, dy. \tag{5}$$

In (5) the bilinear form $a_1(u,v)$ is a Dirichlet form associated with the biharmonic operator Δ^2. However, the Dirichlet form is not unique. Following Agmon [1], p.96, we use the identity

$$\Delta^2 \equiv \left(\frac{\partial^2}{\partial x^2} - \frac{\partial^2}{\partial y^2}\right)\left(\frac{\partial^2}{\partial x^2} - \frac{\partial^2}{\partial y^2}\right) - 4\, \frac{\partial^2}{\partial x \partial y}\left(\frac{\partial^2}{\partial x \partial y}\right)$$

and obtain from (4) the weak formulation

$$a_2(u,v) = (f,v) \qquad \forall\, v \in \overset{\circ}{W}{}_2^2(\Omega),$$

where

$$a_2(u,v) \equiv \iint_\Omega \left\{\left(\frac{\partial^2 u}{\partial x^2} - \frac{\partial^2 u}{\partial y^2}\right)\left(\frac{\partial^2 v}{\partial x^2} - \frac{\partial^2 v}{\partial y^2}\right) + 4\, \frac{\partial^2 u}{\partial x \partial y}\, \frac{\partial^2 v}{\partial x \partial y}\right\} dx\, dy. \tag{6}$$

Infinitely many Dirichlet forms

$$a_t(u,v) = t\, a_1(u,v) + (1-t)\, a_2(u,v) ,$$

for real t, can be obtained from (5) and (6). In particular choice of $t = \frac{1}{2}$ leads to the form

$$a(u,v) \equiv \iint_\Omega \left\{ \frac{\partial^2 u}{\partial x^2}\frac{\partial^2 v}{\partial x^2} + 2\frac{\partial^2 u}{\partial x \partial y}\frac{\partial^2 v}{\partial x \partial y} + \frac{\partial^2 u}{\partial y^2}\frac{\partial^2 v}{\partial y^2} \right\} dx\, dy. \tag{7}$$

Note that $I[v] = a(v,v) - 2(f,v)$. We thus finally have the following weak form of the problem (1)-(2): find $u \in \overset{o}{W}{}_2^2(\Omega)$ such that

$$a(u,v) = (f,v) \qquad \forall v \in \overset{o}{W}{}_2^2(\Omega). \tag{8}$$

Under sufficient conditions of smoothness of f and $\partial\Omega$, the bilinear form $a(u,v)$ is $\underline{\overset{o}{W}{}_2^2 - \text{elliptic}}$ and <u>continuous</u>; that is there exist constants $\rho>0, \gamma>0$ such that respectively

$$a(v,v) \geqq \rho ||v||^2_{\overset{o}{W}{}_2^2(\Omega)}, \qquad \forall v \in \overset{o}{W}{}_2^2(\Omega), \tag{9}$$

and

$$|a(u,v)| \leqq \gamma ||u||_{\overset{o}{W}{}_2^2} \, ||v||_{\overset{o}{W}{}_2^2}, \forall u,v \in \overset{o}{W}{}_2^2(\Omega). \tag{10}$$

The finite element approximation $U(x,y)$ to the problem (1)-(2) is derived via the weak formulation (8). For this the region Ω is partitioned into non-overlapping elements (usually triangles or rectangles) so that there are m nodes $z_1, z_2, \ldots, z_m$ in $\bar{\Omega} \equiv \Omega \cup \partial\Omega$. Some of these nodes may coincide, and thus the concept of multiple nodes is allowed. In particular, at element vertices on the boundary, those nodes associated with essential boundary conditions are not included in the set $\{z_i\}_{i=1}^{m}$. There are k nodes in any one element.

Consider the interpolant $\tilde{u}(x,y)$, $(x,y) \in \bar{\Omega}$, which for any element takes the values of u, and some or all of the derivatives of u of order $\leqq$ p, at the k nodes in the element. Let the interpolant in each element have the form

$$\tilde{u}(x,y)\Big|_e = \sum_{i=1}^{k} (D_i u)_i \phi_i(x,y), \tag{11}$$

where $(D_i u)_i$ are partial derivatives of u with respect to x and y of order less than or equal to p evaluated at the points (x_i,y_i), and the $\phi_i(x,y)$ are the cardinal basis functions of the (Hermite) interpolation. The approximating function U(x,y) derived with the finite element method has, in each element, the form

$$U(x,y)\Big|_e = \sum_{i=1}^{k} (D_i U)_i \, \phi_i(x,y), \tag{12}$$

where the $(D_i U)_i$ are derivatives of U as in (11).

The cardinal basis functions are local to each element, but, taken over the totality of elements of Ω, they together form the linearly independent set of functions $\{B_i(x,y)\}_{i=1}^{m}$. These B_i's are the basis functions of the finite element method. Each B_i is associated with a single node z_i, $i = 1,2,\ldots, m$, and is non-zero only in those elements which have z_i as a node.

Further,

$$D_j\, B_i(z_j) = \delta_{ij}, \qquad i, j = 1, 2, \ldots, m,$$

and for any node z_i, which belongs to an element involving part of the boundary $\partial\Omega$, we demand that the associated $B_i(x,y)$ satisfies the essential boundary conditions (2) at nodal points on the boundary. If the ϕ_i's, which in each element are polynomials, are chosen so that

$$B_i(x,y) \in \overset{o}{W}{}_2^2(\Omega), \qquad i = 1,2,\ldots, m,$$

then the set $\{B_i(x,y)\}_{i=1}^m$ spans an m-dimensional piecewise polynomial space S^h which is a subspace of $\overset{o}{W}{}_2^2(\Omega)$.

A discrete formulation of the weak problem (8) is:

find $U \in S^h$ such that

$$a(U,V) = (f,V) \qquad \forall\, V \in S^h. \tag{14}$$

In particular U can be calculated by setting

$$U(x,y) = \sum_{i=1}^{m} (D_i U)_i\, B_i(x,y),\ i=1,2,\ldots,m, \tag{15}$$

and solving

$$a(U,B_j) = (f,B_j), \qquad j=1,2,\ldots,m,$$

that is

$$\sum_{i=1}^{m} (D_i U)_i \; a(B_i, B_j) = (f, B_j), \qquad j=1,2,\ldots m. \qquad (16)$$

Equations (16) are known as the <u>global stiffness</u> equations of the finite element method.

It follows from (9) that

$$\rho \| u-U \|^2_{\overset{o}{W}{}_2^2} \leqq a(u-U\,,u-U) \leqq a(u-U,u-V) \;\; \forall\, V \in S^h,$$

since from (8) and (14) we have

$$a(u-U,Z) = 0 \quad \forall\, Z \in S^h \subset \overset{o}{W}{}_2^2(\Omega).$$

Thus with (10)

$$\rho \| u-U \|^2_{\overset{o}{W}{}_2^2} \leqq \gamma \| u-U \|_{\overset{o}{W}{}_2^2} \| u-V \|_{\overset{o}{W}{}_2^2}$$

and so

$$\| u-U \|_{\overset{o}{W}{}_2^2(\Omega)} \leqq \frac{\gamma}{\rho} \| u-V \|_{\overset{o}{W}{}_2^2(\Omega)} \quad \forall\, V \in S^h. \qquad (17)$$

The inequality (17) holds in particular when $V \in S^h$ is the interpolant $\tilde{u}$ to u mentioned previously, and the problem of bounding the finite element error thus becomes one of interpolation theory. Many bounds for the errors in two dimensional interpolation have been derived, especially in triangles and rectangles. We therefore limit consideration here to the cases where in the problem (1)-(2) the boundary $\partial\Omega$ is either polygonal or rectangular in shape. It is further assumed that the smoothness of $\partial\Omega$ is such that inequalities (9) and (10) hold.

When $\partial\Omega$ in polygonal, the region Ω is split into triangular elements having generic length h. In this case if the piecewise polynomial space $S^h \subset \overset{\circ}{W}{}_2^2(\Omega)$ consists of functions which in each element are complete polynomials of degree q, so that the interpolant can be written

$$\tilde{u}(x,y)\Big|_e = \sum_{i+j=o}^{q} a_{ij}\, x^i y^j ,$$

the bounds then have the form

$$||u-\tilde{u}||_{\overset{\circ}{W}{}_2^2(\Omega)} \leqq K_1 h^{q-1} |u|_{q+1} , \tag{18}$$

where

$$|u|_{q+1} \equiv \left\{\sum ||D^{q+1} u||^2_{L^2(\Omega)}\right\}^{\frac{1}{2}} ,$$

the summation being over the $q+2$ derivatives

$$D^{q+1} u = \frac{\partial^{q+1} u}{\partial x^{\alpha_1}\, \partial y^{\alpha_2}} , \qquad \alpha_1 + \alpha_2 = q+1.$$

For the derivation of bounds of this type see, for example Zlamal [15], Bramble and Zlamal [5], Bramble and Hilbert [4], and Ciarlet and Raviart [7].

When the region has a rectangular boundary, it is partitioned into rectangular elements. For this Birkhoff, Schultz and Varga [3] show that, if in each element the interpolant $\tilde{u}$ has the form

$$\tilde{u}(x,y)\Big|_e = \sum_{i=o}^{2s-1} \sum_{j=o}^{2s-1} a_{ij} x^i y^j ,$$

then

$$||u-\tilde{u}||_{\overset{o}{W}{}_2^2(\Omega)} \leqq K_2 h^{2s-2} |u|_{2s} , \qquad (19)$$

where h is the length of the longer side of the rectangle.

The use of (17) together with (18) or (19) gives bounds for the error in the finite element approximation.

2. Conforming Elements

The error bounds of Section 1 have been derived through the use of the inequality (17), which in turn is dependent on the condition that $S^h \subset \overset{o}{W}{}_2^2(\Omega)$. This inclusion is fundamental to the whole analysis, and is known as the conforming condition. The sufficient condition that functions $U(x,y)$ belong to $\overset{o}{W}{}_2^2(\Omega)$ is that they belong to $C^1(\bar{\Omega})$ and satisfy the essential boundary conditions (2) on $\partial\Omega$. In constructing the basis functions $\{B_i(x,y)\}_{i=1}^m$ we seek to satisfy these simpler conditions and consider only conforming elements.

Triangles

Perhaps the best known trial function $U \in C^1(\bar{\Omega})$ for the case of a triangle partition is that which in each element is the complete quintic polynomial in x and y

$$U(x,y)\Big|_e = \sum_{i+j=o}^{5} a_{ij}\, x^i y^j \,, \tag{20}$$

having 21 degrees of freedom; see Zlamal [15]. This is uniquely determined in the triangle by prescribing at each of the three vertices the six values $U, U_x, U_y, U_{xx}, U_{xy}, U_{yy}$, and at each of the mid-points of the sides the values of the normal derivatives $\frac{\partial U}{\partial n}$. If the vertices are treated as nodes of multiplicity 6, this means that in the notation of (12) the orders of the derivatives $(D_iU)_i$ at the vertices are 0, 1 or 2, whilst at the mid-points the $(D_iU)_i$ are of order 1. The quintic cardinal basis functions $\phi_i(x,y)$ in each triangle are chosen so that the $B_i(x,y)$ satisfy (13). Thus we have $U \varepsilon C^1(\bar{\Omega})$. If in addition the essential boundary conditions (2) are imposed at the boundary nodes, the desired inclusion is obtained. It is seen from (18) that use of this piecewise quintic trial function leads to an $O(h^4)$ error bound on the finite element error, when it is assumed that the sixth order derivatives of u are all in $L_2(\Omega)$.

Clearly a disadvantage of this technique is that the order m of the linear system (16) is likely to be large on account of the six fold nodes at the element vertices. Thus methods have been sought which reduce the total number of nodes whilst keeping conformity. One effective way of removing three of the twenty-one degrees of freedom in each element of the above is to demand that for $U|_e$ in (20) the normal derivative along each side of the triangle be a cubic. The nodal values at the vertices of the triangle determine the cubic along the side, so that continuity of normal derivative across interelement boundaries is maintained. However, in each element the 18-parameter reduced quintic trial function is no longer a complete quintic, so that the order of the error bound is reduced.

Other approaches for reducing the number of parameters while preserving conformity include that of grouping together terms from complete polynomials and of augmenting cubic polynomials with rational functions, Birkhoff and Mansfield [2]. However, in this latter case S^h is a space of piecewise rational functions and new problems arise in the evaluations of the integrals in (16). Alternatively there is the technique of Clough and Tocher [8] of forming a macro-triangle by splitting each triangle of the partition into three subtriangles, and combining different cubic polynomials in each to form a 12-parameter trial function in each macro-triangle.

Rectangles

When the region Ω is rectangular, trial functions $U \varepsilon C^1(\bar{\Omega})$ can be obtained using rectangular elements by taking U in each rectangle to be the bicubic polynomial

$$U(x,y)\Big|_e = \sum_{i=o}^{3} \sum_{j=o}^{3} a_{ij}\, x^i\, y^j ,$$

which has 16 degrees of freedom. This is uniquely determined by prescribing at each of the four vertices the values U, U_x, U_y, U_{xy}. These are the derivatives $(D_i U)_i$

of (12) where each vertex is a node of multiplicity 4. Bicubic basis functions $\phi_i(x,y)$ are again chosen to produce $B_i(x,y)$, $i = 1,2,\ldots, m$, satisfying (13), and these with the implementation of the essential boundary conditions give the desired inclusion. It is seen from (19) that this produces an $O(h^2)$ error bound, provided that the fourth derivatives of u are in $L_2(\Omega)$.

Rectangular elements lack the versatility of triangles in that it is difficult to produce a concentration of elements near any point of $\bar{\Omega}$ without also introducing (unnecessarily) extra elements in other parts of $\bar{\Omega}$. The ability to perform this local mesh refinement is particularly desirable when the boundary $\partial\Omega$ contains a re-entrant corner, the presence of which slows the rate of convergence with decreasing mesh size of the finite element solution of the problem to the exact solution. An example of local mesh refinement with rectangles in the neighbourhood of a point O is given in Figure 1. It is seen that the

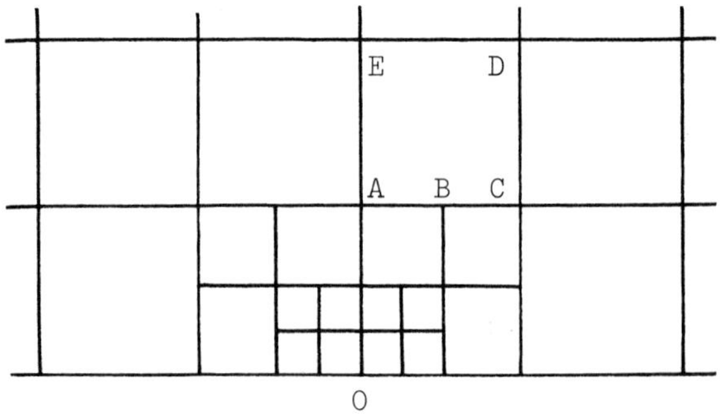

Figure 1

refinement produces mid-side nodes in some elements; e.g. the point B in ABCDE. Clearly special procedures must be adopted to produce, for this case, trial functions which are $C^1(\bar{\Omega})$. One such approach with square elements is due to Gregory and Whiteman [11], who adopt the macro-element approach and split elements of the type ABCDE into two equal parts along the line BB', Figure 2. In each part they use the bicubic interpolant to the values of U, U_x, U_y, U_{xy} at

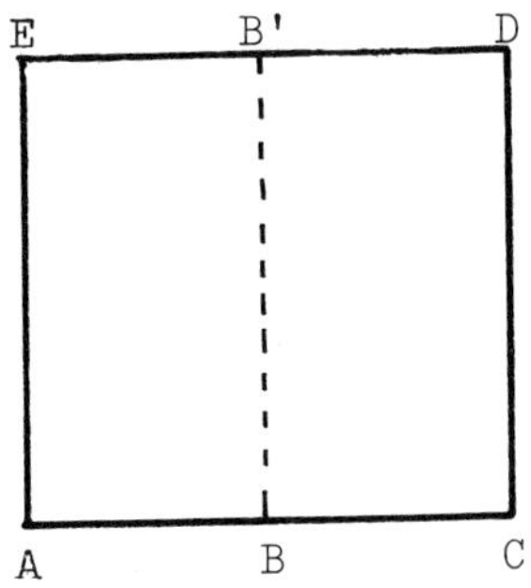

Figure 2

the four vertices, and then eliminate the values of these four quantities at the point B' using Hermite cubic interpolation with the appropriate values at D and E. The resulting trial function is C^1 over the macro-element ABCDE, and is cubic along each of AB,BC,CD,DE and EA. This together with use of the standard bicubic, described above, in all "four node elements" produces a trial function which is $C^1(\bar{\Omega})$.

3. Discussion

Applications of finite element methods to plate problems of the type (1)-(2) are without number. Kolar et al [12] consider the case of a clamped square thin plate under the action of a uniform load (f=constant) for which the exact value of the displacement u(x,y) is known. Using complete quintics with triangles and bicubics with rectangles as described above they obtain greater accuracy for a given number of subdivisions of the plate with triangular elements than with squares. This is to be expected on account of the higher degree of local trial function and the higher order error bound in the triangular case.

Gallagher [10], Chapter 12, gives an intensive study of a similar problem for the case of a simply supported plate using triangular and rectangular elements with conforming and nonconforming trial functions. In particular he finds that the results for triangles with the 21 - parameter piecewise quintic and the 18 - parameter piecewise constrained quintic conforming trial functions are "highly accurate". However, it must be pointed out that the amount of computational effort required in forming the global stiffness equations (16) in this case is considerable. This has to be balanced against accuracy in any computation.

The functional I[v] in (3) and the weak form (8) of the problem (1)-(2) are associated with the potential energy of the plate. All the emphasis in this paper has been on finding global trial functions which satisfy the "C^1 conforming condition" for the space $\overset{\circ}{W}{}_2^2(\Omega)$. There are of course many other energy formulations, such as the <u>complementary</u> and <u>Riessner</u> energies, and, as has been pointed out, many functionals and weak forms; see for example Ciarlet [6]. The possibility of using functionals and weak formulations defined over spaces for which the conforming condition is that the trial functions be in $C^{o}(\bar{\Omega})$ rather than $C^{1}(\bar{\Omega})$ has been considered. An example of this approach is that of Westbrook [13] who uses a perturbed variational principle for the clamped plate which has only a C^{o} conforming condition.

The global stiffness equations (16) can be thought of as difference equations. This view has been taken for the case of Lagragian approximating functions for Poisson problems by Whiteman [14]. When, as here, Hermite global approximating functions are used, the equations (16) involve as unknowns not only nodal values of the approximating function $U(x,y)$ but also values of certain derivatives of U at the nodal points. When viewed from the difference point of view, equations (16) thus differ from the usual concept of difference equations. Difference stars of this type have been derived using mehrstellenverfahren by Collatz [9]. In regions which can be partitioned using a regular triangular or rectangular mesh, a considerable saving in computation time can be made by generating the stiffness equations (16) using the difference stars rather than through the usual finite element approach of repeated use of a local stiffness matrix.

References

1. Agmon, S.: Lectures on Elliptic Boundary Value Problems. Van Nostrand, Princeton, 1965.
2. Birkhoff, G., and Mansfield, Lois.: Compatible triangular finite elements, (to appear).
3. Birkhoff, G., Schultz, M.H., and Varga, R.S.: Piecewise Hermite interpolation in one and two variables with applications to partial differential equations. Numer. Math. 11, 232-256, 1968.
4. Bramble, J.H., and Hilbert, S.R., Bounds for a class of linear functionals with applications to Hermite interpolation.Numer.Math.16, 362-369, 1971.
5. Bramble, J.H., and Zlamal, M.: Triangular elements in the finite element method. Math. Comp. 24, 809-820, 1970.
6. Ciarlet, P.G.; Conforming and nonconforming finite element methods for solving the plate problem. pp.21-32 of G.A.Watson (ed.), Proc.Conf. Numerical Solution of Differential Equations. Lecture Notes in Mathematics, No.363, Springer-Verlag, Berlin, 1974.
7. Ciarlet, P.G., and Raviart, P.-A.: General Lagrange and Hermite interpolation in R^n with applications to finite element methods. Arch. Rat. Mech. Anal. 46, 177-199, 1972.
8. Clough, R.W., and Tocher, J.L.: Finite element stiffness matrices for analysis of plate bending. Proc.1st Conf. Matrix Methods in Structural Mechanics, Wright-Patterson A.F.B., Ohio, 1965.
9. Collatz, L.: Hermitean methods for initial value problems in partial differential equations.pp.41-61 of J.J.H. Miller (ed.), Topics in Numerical Analysis. Academic Press, London, 1973.
10. Gallagher, R.H.: Finite Element Analysis: Fundamentals. (to appear)
11. Gregory, J.A., and Whiteman, J.R.: Local mesh refinement with finite elements for elliptic problems. Technical Report TR/24, Department of Mathematics, Brunel University, 1974.

12. Kolar,V., Kratochvil,J., Zlamal, M., and Zenisek, A.: Technical, Physical and Mathematical Principles of the Finite Element Method. Academia, Prague, 1971.
13. Westbrook, D.R.: A variational principle with applications in finite elements. J.Inst.Maths. Applics. 14, 79-82, 1974.
14. Whiteman, J.R.: Lagrangian finite element and finite difference methods for Poisson problems. In L.Collatz (ed.), Numerische Behandlung von Differentialgleichungen. I.S.N.M., Birkhauser Verlag, Basel, 1974.
15. Zlamal, M.: On the finite element method. Numer.Math. 12, 394-409, 1968.

Dr. J.R. Whiteman,
Department of Mathematics,
Brunel University,
Uxbridge, Middlesex, UB8 3PH.
England.

ISNM 28 Birkhäuser Verlag, Basel und Stuttgart, 1975

FINITE ELEMENT MULTISTEP METHODS FOR PARABOLIC EQUATIONS

Miloš Zlámal

The initial-boundary value problem for a linear equation in an infinite cylinder under the Dirichlet boundary condition is solved by applying the finite element discretization in the space dimension and A_0-stable multistep discretizations in time. The scheme is unconditionally stable. There is given an error bound under the assumption that the initial value of the solution belongs to L_2 only.

1. INTRODUCTION

The paper connects closely with [7] where the following problem is considered

$$\begin{aligned} &\frac{\partial u}{\partial t} = Lu && \text{for } (x,t) \in \Omega \times (0,\infty), \\ (1) \qquad &u = 0 && \text{on } \Gamma, \\ &u(x,0) = g(x) && \text{in } \Omega. \end{aligned}$$

$x = (x_1,\dots,x_N)$ is a point of a bounded domain Ω in Euclidean N-space R^N with a boundary Γ, Lu is the elliptic operator $Lu = \sum_{i,j=1}^{N} \frac{\partial}{\partial x_i}(a_{ij}(x)\frac{\partial u}{\partial x_j}) - a(x)u$ and we assume that

$$(2) \qquad a_{ij}(x) = a_{ji}(x), \sum_{i,j=1}^{N} a_{ij}(x)\xi_i\xi_j \geqq \alpha \sum_{i=1}^{N} \xi_i^2 \ (\alpha = const > 0), \ a(x) \geqq 0.$$

For simplicity, we also assume that

$$(3) \qquad a_{ij}(x),\ a(x) \in C^{\infty}(\bar{\Omega}),\ \Gamma \in C^{\infty}.$$

Before formulating (1) in the weak variational form, let us introduce some notations. The norm $\|\cdot\|_{L_2(\Omega)}$ of the space $L_2(\Omega)$ and the scalar product are denoted by $\|\cdot\|_0$ and $(.,.)_0$, respectively. $H^m \equiv W_2^{(m)}(\Omega)$, m = 0,1,..., denotes the Sobolev space defined by $\|v\|_{H^m} = (\sum_{|j|\leqq m} \|D^j v\|_0^2)^{\frac{1}{2}}$. Instead of $\|v\|_{H^m}$, we write $\|v\|_m$. H_0^1 is the closure of $\mathcal{D}(\Omega)$, the set of infinitely differentiable functions with compact support in Ω, in the norm $\|\cdot\|_1$. The weak form of (1) is to find, for $t>0$, the function $u\in H_0^1$ such that, besides the initial condition, it satisfies

(4) $$(\dot{u},\varphi)_0 + a(u,\varphi) = 0 \qquad \forall\varphi\in H_0^1$$

where $a(v,w)$ is the energy bilinear functional

$$a(v,w)=\int_\Omega \Big[\sum_{i,j=1}^{N} a_{ij}(x)\frac{\partial v}{\partial x_i}\frac{\partial w}{\partial x_j} + a(x)\,v\,w\Big]\,dx.$$

A well known approach for getting an approximate solution of the problem (1) consists in first applying the Galerkin principle to (4). Let S be a finite dimensional subspace of H_0^1 . The Galerkin solution is the function $U\in S$ which satisfies

(5) $$(\dot{U},\varphi)_0 + a(U,\varphi) = 0 \qquad \forall\varphi\in S.$$

The Galerkin formulation yields a system of ordinary differential equations in time. A suitable discretization in time will give a computable approximate solution of the problem (1). In [7] we chose for S finite-dimensional subspaces V_h^p of H_0^1 which have the following approximation property: to any $v\in H^{p+1}\cap H_0^1$ there exists a function $\hat{v}\in V_h^p$ such that

(6) $$\|v-\hat{v}\|_0 + h\|v-\hat{v}\|_1 \leqq Ch^{s+1}\|v\|_{s+1}, \qquad 1\leqq s\leqq p$$

(as a matter of fact, in [7] we required (6) only for $s=p$), C being a constant independent of the small positive parameter h and of the function v. The discretization in time was carried out by means of an A_0-stable linear multistep method. $\underline{A_0}$-stable linear multistep methods were introduced for ordinary differential equations by Cryer [2]. When we apply the multistep method (ρ,σ) where

$$\rho(\zeta)=\sum_{j=0}^{\nu}\alpha_j\zeta^j \;(\alpha_\nu>0),\quad \sigma(\zeta)=\sum_{j=0}^{\nu}\beta_j\zeta^j$$

to the scalar equation $\dot{x}(t)=-\lambda x(t)$, $x(0)=1$, the approximate values x^n of $x(nk)$ (k denotes here as well as in the following the time increment) are determined by

$$\sum_{j=0}^{\nu}\alpha_j x^{n+j} = -k\lambda\sum_{j=0}^{\nu}\beta_j x^{n+j}.$$

A_0-stability requires that $x^n \to 0$ as $n \to \infty$ for all positive λ.

Denote by U^n the approximate values of U at the time level t=nk, n=0,1,... and assume that $U^0, U^1, \ldots, U^{\nu-1}$ are given. If we apply the scheme (ρ,σ) to (5), we get the recurrence relationship for U^n :

$$(7) \qquad (\sum_{j=0}^{\nu} \alpha_j U^{n+j}, \varphi)_0 + k a(\sum_{j=0}^{\nu} \beta_j U^{n+j}, \varphi) = 0 \qquad \forall \varphi \in V_h^p, \; n = 0,1,\ldots$$

Besides A_0-stability, we required in [7] that the method (ρ,σ) of the order q be stable in the sense of Dahlquist and that the roots of the polynomial $\sigma(\xi)$ with modulus equal to one be simple. We proved the bound

$$(8) \qquad \sup_{\nu \leq n < \infty} \|u^n - U^n\|_0 \leq C \left[\sum_{j=0}^{\nu-1} \|u^j - U^j\|_0 + (h^{p+1} + k^q) \lg \tfrac{1}{k} \|g\|_m \right]$$

valid for arbitrary h, k sufficiently small under the assumption that the initial value g satisfies the consistency conditions

$$(9) \qquad g|_\Gamma = Lg|_\Gamma = \cdots = L^{[\frac{m-1}{2}]} g|_\Gamma = 0$$

with m=max(p+1,2q).

The fulfilment of the consistency conditions (9) is essential for validity of error bounds of the form (8). However, in applications such conditions are seldom satisfied. Inspired by recent results by Thomée ([6], Theorems 3.1 and 3.2) and using the same approach we prove an error bound under the assumption that g belongs to $L_2(\Omega)$ only. The estimate holds for $nk \geq t_0 > 0$.

<u>THEOREM</u>

<u>Let the linear multistep method (ρ,σ) of the order q be stable in the sense of Dahlquist and A_0-stable, let the roots of the polynomial $\rho(\xi)$ with modulus equal to one be real and the modulus of all roots of the polynomial $\sigma(\xi)$ be less than one. Further, let $g \in L_2(\Omega)$. Then for each $t_0 > 0$ there is a constant $C(t_0)$ such that for $nk \geq t_0$ it holds</u>

$$(10) \qquad \|u^n - U^n\|_0 \leqq C(t_0)\Big[\sum_{j=0}^{\nu-1} \|u^j - U^j\|_0 + (h^{p+1} + k^q)\|g\|_0\Big].$$

If U^0 is the orthogonal projection of g on V_h^p with respect to the L_2-inner product and U^j ($j=1,\dots,\nu-1$) are the values of the approximate solution of (5) obtained by a weakly A_0-stable Runge-Kutta method (see [1]) *then*

$$(11) \qquad \|u^n - U^n\|_0 \leqq C(t_0)[h^{p+1} + k^q]\|g\|_0 .$$

REMARKS

1. The main advantage of schemes of higher order will certainly prove in that we shall be able in practical computations to achieve the needed accuracy with a large time increment, i.e. using a small number of time steps. However, it remains the problem of determination of the starting values $U^0, U^1, \dots, U^{\nu-1}$. We can proceed in the following way: For U^0 we take the interpolate of g(or the orthogonal projection mentioned in the Theorem; such choice means, of course, to solve a system of linear equations), use a method of the first order and compute several steps with a very small time increment, say k_1. Then we use a method of the second order with an increment $k_2 = mk_1$ where m is a small positive integer and use two values computed before as starting values. This procedure can be repeated and it has advantage that the methods of higher order are not applied for the first time steps and therefore the power of these methods must appear even when the consistency conditions are not satisfied. Note also that at every time step we have to solve only one system of linear equations with the matrix $\alpha_\nu M + \beta_\nu kK$.

2. *The backward differentiation methods* (here $\rho(\zeta) = \sum_{j=1}^{\nu} \frac{1}{j}\zeta^{\nu-j}(\zeta-1)^j$, $\sigma(\zeta) = \zeta^\nu$)fulfil all assumptions of the Theorem if $\nu \leqq 6$ (see [7], section 4, Remark 2 and references given there). In addition, the corresponding schemes are simple because the polynomial $\sigma(\zeta)$ consists of one term.

2. PROOF OF THE THEOREM

a) Let $\{\lambda_i\}_{i=1}^{\infty}$ and $\{\psi_i\}_{i=1}^{\infty}$ be the eigenvalues (in increasing order) and (orthonormal) eigenfunctions of the continuous eigenvalue problem $L\psi+\lambda\psi=0, \psi/_\Gamma=0$ or, equivalently,

(12) $$a(\psi,\varphi) = \lambda(\psi,\varphi)_0 \qquad \forall\varphi\in H_0^1.$$

Further, let $\{\Lambda_i\}_{i=1}^{M}$ and $\{\Psi_i\}_{i=1}^{M}$ be the eigenvalues (in increasing order) and (orthonormal) eigenfunctions of the corresponding discrete eigenvalue problem

(13) $$a(\Psi,\varphi)=\Lambda(\Psi,\varphi)_0 \qquad \forall\varphi\in V_h^p.$$

Strang and Fix [5] proved error estimates for eigenvalues and eigenfunctions (see Theorems 6.1 and 6.2) using subspaces S^h on regular mesh. However, the only property of S^h used in the proof is the approximation property (39) (see p.229). Now the well-known consequence of the assumption (6) is that $\|u-Pu\|_0+h\|u-Pu\|_1\leq Ch^{p+1}\|u\|_{p+1}$ where Pu is the Ritz approximation (i.e., $Pu\in V_h^p$ and $a(Pu,\varphi)=a(u,\varphi)\ \forall\varphi\in V_h^p$) of a function $u\in H^{p+1}\cap H_0^1$. Hence (39) is satisfied for k=p+1 (in our case m=1) and the theorems of Strang and Fix give

(14) $$0\leq\Lambda_i-\lambda_i\leq Ch^{2p}\lambda_i^{p+1}, \quad \|\Psi_i-\psi_i\|_0\leq Ch^{p+1}\lambda_i^{\frac{p+1}{2}}.$$

b) We adopt the following notation:

$$v_i=(v,\psi_i)_0,\quad \bar{v}_i=(v,\Psi_i)_0 \qquad \text{if } v\in L_2,$$
$$V_i=(V,\Psi_i)_0,\quad \bar{V}_i=(V,\psi_i)_0 \qquad \text{if } V\in V_h^p.$$

We may write $u^n-U^n=u^n-U(x,nk)+U(x,nk)-U^n=e_1+e_2$ where U(x,t) is the solution of (5) satisfying the initial condition $U(x,0)=U^0(x)$. We estimate first $e_2=U(x,nk)-U^n$. As $U^n=\sum_{i=1}^{M}U_i^n\Psi_i$ it easily follows from (7) and (13)

$$\Big(\sum_{i=1}^{M}\sum_{j=0}^{\nu}(\alpha_j+\beta_jk\Lambda_i)U_i^{n+j}\Psi_i,\varphi\Big)_0=0 \qquad \forall\varphi\in V_h^p.$$

Hence

$$\sum_{j=0}^{\nu}(\alpha_j+\beta_jk\Lambda_i)U_i^{n+j}=0 \qquad \text{or}$$

(15) $$\sum_{j=0}^{\nu} \delta_j (k\Lambda_i) U_i^{n+j} = 0, \qquad i = 1, \dots M$$

where δ_j are defined by (3.8) - [7]. Further, we find that $U(x,nk) = \sum_{i=1}^{M} U_i^o e^{-nk\Lambda_i} \psi_i$. Therefore

$$e_2 = \sum_{i=1}^{M} [U_i^o e^{-nk\Lambda_i} - U_i^n] \psi_i = \sum_{i=1}^{M} \varepsilon_i^n \psi_i, \quad \varepsilon_i^n = U_i^o e^{-nk\Lambda_i} - U_i^n .$$

As $\|e_2\|_0^2 \leq \sum_{i=1}^{M} |\varepsilon_i^n|^2$ we need to estimate $|\varepsilon_i^n|$ to get a bound for $\|e_2\|_0$.

From (15) it follows that U_i^n are the values of the approximate solution of $\dot{y}_i = -\Lambda_i y_i$, $y_i(o) = U_i^o$ obtained by the linear multistep method (ρ,σ). From (3.13) - [7] written in one dimension with $S = \Lambda_i$ we have

(16) $$\varepsilon_i^n = -[\delta_{\nu-1}(k\Lambda_i)\gamma_{n-\nu}(k\Lambda_i) + \dots + \delta_o(k\Lambda_i)\gamma_{n-2\nu+1}(k\Lambda_i)]\, \varepsilon_i^{\nu-1} - \delta_o(k\Lambda_i)\gamma_{n-\nu}(k\Lambda_i)\varepsilon_i^o + \sum_{\ell=0}^{n-\nu} \gamma_\ell (k\Lambda_i)\, d_i^{n-\nu-\ell}$$

where

$$d_i^n = (\alpha_\nu + \beta_\nu k\Lambda_i)^{-1} C_i^n, \quad C_i^n = \sum_{j=0}^{\nu} \alpha_j y_i((n+j)k) - \beta_j k \dot{y}_i((n+j)k) = k^{q+1} \int_0^{\nu} G(s) y_i^{(q+1)}(nk+ks)\, ds$$

(see [3], formula (5-178), p.248). Therefore

(17) $$|d_i^n| \leq Ck^{q+1} \Lambda_i^{q+1} e^{-nk\Lambda_i} |U_i^o| .$$

Also, $d_i^n = \sum_{j=0}^{\nu} \delta_j (k\Lambda_i) e^{-(n+j)k\Lambda_i}$, hence ($\delta_j(\tau)$ are bounded for $\tau \geq 0$)

(18) $$|d_i^n| \leq C e^{-nk\Lambda_i} |U_i^o| .$$

The estimate of $\gamma_\ell(\tau)$ derived at the end of section 3 in [7] can be written as follows:

$$|\gamma_\ell(\tau)| \leq \begin{cases} C(1 - \tfrac{1}{2}c\tau)^\ell \leq C e^{-\alpha_1 \ell \tau} \ (\alpha_1 = \tfrac{1}{2}c), & \tau \leq \tau_1, \\ C e^{-\vartheta \ell} \ (0 < \vartheta < 1), & \tau > \tau_1 . \end{cases}$$

Making τ_1 smaller if necessary we can achieve that $\vartheta = \alpha_1 \tau_1$. Denoting by i_k the smallest integer such that $k\Lambda_i > \tau_1$ we see that it holds

$$(19)\qquad |\gamma_\ell(k\Lambda_i)| \leq \begin{cases} Ce^{-\alpha_1 \ell k \Lambda_i}, & i \leq i_k \\ Ce^{-\alpha_1 \tau_1 \ell}, & i > i_k \end{cases}$$

From (16),(17),(19) it follows for $nk \geq t_o$, $(2\nu-1)k \leq \frac{1}{2} t_o$ and $i < i_k$ (i.e., for $k\Lambda_i \leq \tau_1$) that

$$|\varepsilon_i^n| \leq Ce^{-\frac{1}{2}\alpha_1 t_o \Lambda_i} \sum_{j=1}^{\nu-1} |\varepsilon_i^j| + Ce^{-(n-\nu)k\Lambda_i} k^{q+1} \Lambda_i^{q+1} |U_i^o| \sum_{\ell=0}^{n-\nu} e^{-(\alpha_1-1)\ell k \Lambda_i}$$

If $\alpha_1 - 1 \geq 0$ the sum $S_o = \sum_{\ell=0}^{n-\nu} e^{-(\alpha_1-1)\ell k\Lambda_i}$ is bounded by $n-\nu+1$ and as

$$k\Lambda_i e^{-(n-\nu)k\Lambda_i}(n-\nu+1) \leq 2(n-\nu)k\Lambda_i e^{-(n-\nu)k\Lambda_i} \leq Ce^{-\frac{1}{2}(n-\nu)k\Lambda_i}$$
$$\leq Ce^{-\frac{1}{4}t_o\Lambda_i} \leq C(t_o)\Lambda_i^{-q} \quad \text{and} \quad e^{-\frac{1}{2}\alpha_1 t_o \Lambda_i} \leq C(t_o)\Lambda_i^{-s},$$

where the positive number s will be chosen later, we get

$$(20)\qquad |\varepsilon_i^n| \leq C(t_o)\Lambda_i^{-s} \sum_{j=1}^{\nu-1} |\varepsilon_i^j| + C(t_o)k^q |U_i^o|, \quad i < i_k.$$

If $\alpha_1 - 1 < 0$ the sum S_o is bounded by $\exp((1-\alpha_1)(n-\nu+1)k\Lambda_i) \cdot [\exp(1-\alpha_1)k\Lambda_1 - 1]^{-1}$ and as

$$k\Lambda_i \exp(-(n-\nu)k\Lambda_i) S_o \leq C \exp(-\alpha_1(n-\nu)k\Lambda_i)\, k\Lambda_i [\exp(1-\alpha_1)k\Lambda_i - 1]^{-1}$$
$$\leq C \exp(-\alpha_1(n-\nu)k\Lambda_i)$$

we get easily the same estimate (20). For $i > i_k$ one gets by means of (18) and (19) that $|\varepsilon_i^n| \leq Ce^{-\vartheta n} \sum_{j=1}^{\nu-1} |\varepsilon_i^j| + Ce^{-\vartheta n}|U_i^o|$ where $\vartheta = \text{const} > 0$. As $k\Lambda_i > \tau_1$ and $nk \geq t_o$ it holds $e^{-\vartheta n} \leq Cn^{-q} \leq C(t_o)k^q$ so that

$$(21)\qquad |\varepsilon_i^n| \leq C(t_o)k^q \sum_{j=1}^{\nu-1} |\varepsilon_i^j| + C(t_o)k^q|U_i^o|, \quad i \geq i_k.$$

From (20) and (21) it follows

$$\sum_{i=1}^{M} |\varepsilon_i^n|^2 \leq C(t_o)k^{2q} \sum_{i=1}^{M} |U_i^o| + C(t_o)k^{2q} \sum_{j=1}^{\nu-1} \sum_{i<i_k} [|U_i^o|^2 + |U_i^j|^2] +$$
$$+ C(t_o) \sum_{j=1}^{\nu-1} \sum_{i<i_k} \Lambda_i^{-2s} |\varepsilon_i^j|^2 \leq C(t_o)k^{2q} \sum_{j=0}^{\nu-1} \|U^j\|_o^2 + C(t_o) \sum_{j=1}^{\nu-1} \sum_{i<i_k} \Lambda_i^{-2s} |\varepsilon_i^j|^2.$$

Since $\|U^j\|_o \leq \|u^j - U^j\|_o + \|u^j\|_o \leq \|u^j - U^j\|_o + \|g\|_o$ we have proved that

(22) $$\|e_2\|_0^2 \leqq C(t_0)\left\{k^{2q}\|g\|_0^2 + \sum_{j=0}^{\nu-1}\|u^j - U^j\|_0^2 + \sum_{j=1}^{\nu-1}\sum_{i<i_k}\Lambda_i^{-2s}|\varepsilon_i^j|^2\right\}.$$

c) We denote by e_3 the last sum in (22). To estimate e_3 we write

$$\varepsilon_i^j = e^{-jk\Lambda_i}U_i^0 - U_i^j = -e^{-jk\Lambda_i}(u_i^0 - \bar{U}_i^0) + u_i^j - \bar{U}_i^j +$$
$$+ e^{-jk\Lambda_i}(U_i^0 - \bar{U}_i^0) - (U_i^j - \bar{U}_i^j) + (e^{-jk\Lambda_i} - e^{-jk\lambda_i})\,u_i^0 .$$

Then $$|e_3|^2 \leqq C\sum_{j=1}^{\nu-1}\sum_{i<i_k}\Lambda_i^{-2s}|u_i^j - \bar{U}_i^j|^2 + C\sum_{j=1}^{\nu-1}\sum_{i<i_k}\Lambda_i^{-2s}|U_i^j - \bar{U}_i^j|^2 +$$
$$+ C\sum_{j=1}^{\nu-1}\sum_{i<i_k}\Lambda_i^{-2s}(e^{-jk\Lambda_i} - e^{-jk\lambda_i})^2|u_i^0|^2 .$$

For the sum $e_4 = \sum_{i<i_k}\Lambda_i^{-2s}|u_i^j - \bar{U}_i^j|^2$ we get $|e_4| \leqq \lambda_1^{-2s}\sum_{i=1}^{\infty}|u_i^j - \bar{U}_i^j|^2 = C\|u^j - U^j\|_0^2$. The sum $e_5 = \sum_{i<i_k}\Lambda_i^{-2s}|U_i^j - \bar{U}_i^j|$ can be estimated as follows: we have $U_i^j - \bar{U}_i^j = \int_\Omega U^j(\Psi^i - \psi^i)dx$, hence by (14) $|U_i^j - \bar{U}_i^j|^2 \leqq C\|U^j\|_0^2 h^{2(p+1)}\lambda_i^{p+1} = C[\|u^j - U^j\|_0^2 + \|g\|_0^2]\,.\,h^{2(p+1)}\lambda_i^{p+1}$. Therefore

$$|e_5| \leqq C[\|u^j - U^j\|_0^2 + \|g\|_0^2]h^{2(p+1)}\sum_{i=1}^{\infty}\lambda_i^{-(2s-p-1)} .$$

As $\lambda_i \geqq c\,i^{\frac{2}{N}}$ c=const$\,>0$ (see Mihlin [4]), the series $\sum_{i=1}^{\infty}\lambda_i^{-(2s-p-1)}$ is convergent if we choose $2s=p+1+N$ and $|e_5| \leqq C[\|u^j - U^j\|_0^2 + \|g\|_0^2]h^{2(p+1)}$. Finally, by (14) we have

$$\sum_{i<i_k}\Lambda_i^{-2s}(e^{-jk\Lambda_i} - e^{-jk\lambda_i})^2|u_i^0|^2 \leqq \sum_{i<i_k}\lambda_i^{-2s}|jk\Lambda_i - jk\lambda_i|^2|u_i^0|^2 \leqq$$
$$\leqq j^2k^2h^{4p}\sum_{i=1}^{\infty}\lambda_i^{-2(s-p-1)}|u_i^0|^2 \leqq Ck^2h^{4p}\|g\|_0^2 \qquad (s = p+1+\tfrac{N}{2}) .$$

Hence, $|e_3| \leqq C[\sum_{j=1}^{\nu-1}\|u^j - U^j\|_0^2 + h^{2(p+1)}\|g\|_0^2]$ and by (22)

(23) $$\|e_2\|_0 \leqq C(t_0)[\sum_{j=0}^{\nu-1}\|u^j - U^j\|_0 + (h^{p+1} + k^q)\|g\|_0] .$$

d) Let us estimate $\|e_2\|_0$ under the assumption that U^0 is the orthogonal projection of g onto V_h^p with respect to the L_2-inner product and U^j $(j=1,\dots,\nu-1)$ are the values of the approximate solution of (5) obtained by a weakly A_0-stable Runge-Kutta method of the order q-1. In this case (see [1]) $U_i^j = r^j(k\Lambda_i)U_i^0$ where $r(\tau)$ is a rational function which approximates $e^{-\tau}$ for τ sufficiently small with the accuracy $|e^{-\tau}-r(\tau)| \leqq C\tau^q$ for $\tau \leqq \tau_1$. The weak A_o-stability means that $|r(\tau)| \leqq 1$ for $\tau \geqq 0$.

From (20) and (21) it also follows

$$\|e_2\|_o^2 \leqq C(t_o)\Big[k^{2q}\sum_{j=0}^{\nu-1}\|U^j\|_o^2 + \sum_{j=1}^{\nu-1}\sum_{i<i_k}\Lambda_i^{-2s}|\varepsilon_i^j|^2\Big].$$

Now $|U_i^j|^2 \leqq |U_i^o|^2$, hence $\sum_{j=0}^{\nu-1}\|U^j\|_o^2 \leqq \nu\,\|U^o\|_o^2 \leqq \nu\|g\|_o^2$ (due to the assumption that U^o is the orthogonal projection of g with respect to the L_2-inner product). Further,

$$|\varepsilon_i^j| = |e^{-jk\Lambda_i} - r^j(k\Lambda_i)|\,|U_i^o| \leqq j|e^{-k\Lambda_i} - r(k\Lambda_i)|\,|U_i^o| \leqq Ck^q\Lambda_i^q|U_i^o|.$$

Therefore

$$\sum_{j=1}^{\nu-1}\sum_{i<i_k}\Lambda_i^{-2s}|\varepsilon_i^j|^2 \leqq Ck^{2q}\sum_{i<i_k}\Lambda^{-2(s-q)}|U_i^o|^2 \leqq Ck^{2q}\|g\|_o^2$$

if s=q. Hence

(24) $$\|e_2\|_o \leqq C(t_o)k^q\|g\|_o.$$

e) To find a bound for $\|e_1\|_o = \|u^n - U(x,nk)\|_o$ we first have to estimate λ_{M+1} from below. As we mentioned it follows from (6) that $\|u-Pu\|_o \leqq C_1h^{p+1}\|u\|_{p+1}$ where Pu is the Ritz projection of u. Also (see (2.4) in [7]), $\|\sum_{i=1}^{\infty}\alpha_i\psi_i\|_{p+1} \leqq$ $\leqq C_2[\sum_{i=1}^{\infty}\lambda_i^{p+1}\alpha_i^2]^{\frac{1}{2}}$. Using an argument by Thomée we show that

(25) $$\lambda_{M+1} \geqq c_oh^{-2}, \quad c_o = (C_1C_2)^{-\frac{2}{p+1}} > 0.$$

The linear span of $\{P\psi_i\}_{i=1}^{M+1}$ has a dimension not greater than M as it is a subset of V_h^p. Therefore there exists $w = \sum_{i=1}^{M+1}\alpha_i\psi_i$ such that $w \neq 0$ and $Pw=0$. If $\lambda_{M+1} < c_oh^{-2}$ then $\|w\|_o =$ $\|w-Pw\|_o \leqq C_1h^{p+1}\|w\|_{p+1} \leqq C_1C_2h^{p+1}[\sum_{i=1}^{M+1}\lambda_i^{p+1}\alpha_i^2]^{\frac{1}{2}} \leqq C_1C_2h^{p+1}\lambda_{M+1}^{\frac{p+1}{2}}\|w\|_o < \|w\|_o$ which is a contradiction.

Now we write $e_1 = \sum_{i=1}^{5}\varepsilon_i$ where

$$\varepsilon_1 = \sum_{i>M} e^{-nk\lambda_i}g_i\psi_i, \quad \varepsilon_2 = \sum_{i=1}^{M}(e^{-nk\lambda_i} - e^{-nk\Lambda_i})g_i\psi_i, \quad \varepsilon_3 = \sum_{i=1}^{M}e^{-nk\Lambda_i}(g_i - \bar g_i)\psi_i,$$

$$\varepsilon_4 = \sum_{i=1}^{M}e^{-nk\Lambda_i}\bar g_i(\psi_i - \Psi_i), \quad \varepsilon_5 = \sum_{i=1}^{M}e^{-nk\Lambda_i}(\bar g_i - U_i^o)\Psi_i.$$

By means of (25) and (14) we find that for $nk \geqq t_o$ it holds

$$\|\varepsilon_1\|_o \leqq C(t_o)h^{p+1}\|g\|_o, \quad \|\varepsilon_2\|_o \leqq C(t_o)h^{2p}\|g\|_o, \quad \|\varepsilon_3\|_o \leqq C(t_o)h^{p+1}\|g\|_o$$

$\|\varepsilon_4\|_0 \leq C(t_0)h^{p+1}\|g\|_0$ and $\|\varepsilon_5\|_0 \leq C(t_0)[h^{p+1}\|g\|_0+\|g-U^0\|_0]$ or $\varepsilon_5=0$ according as U^0 is arbitrary or U^0 is the orthogonal projection of g (in this case $U_i^0=\bar{g}_i$). Hence

$$(26) \qquad \|e_1\|_0 \leq \begin{cases} C(t_0)[h^{p+1}\|g\|_0+\|u^0-U^0\|_0] \\ C(t_0)\,h^{p+1}\|g\|_0 . \end{cases}$$

(23),(24) and (26) prove the Theorem.

ADDED

The bounds (10) and (11) can be improved. If $\lambda=1$ is the only root of the polynomial $\rho(\zeta)$ with modulus equal to one then it holds

$$\|u^n-U^n\|_0 \leq C(t_0,\alpha)e^{-\alpha\lambda_1 nk}[\sum_{j=0}^{\nu-1}\|u^j-U^j\|_0+(h^{p+1}+k^q)\|g\|_0],$$
$$\|u^n-U^n\|_0 \leq C(t_0,\alpha)e^{-\alpha\lambda_1 nk}[h^{p+1}+k^q]\|g\|_0 \quad ;$$

here α is an arbitrary positive number less than one.

REFERENCES

[1] Crouzeix, M.: Thesis. Université Paris VI, to appear.
[2] Cryer, C.W.: A New Class of Highly Stable Methods: A_0-stable Methods. BIT 13 (1973), 153-159.
[3] Henrici, P.: Discrete Variable Methods in Ordinary Differential Equations. New York-London, 1962, Wiley.
[4] Mihlin, S.G.: Mathematical Physics, An Advanced Course. Amsterdam, North-Holland, 1970.
[5] Strang, G. and Fix, G.J.: An Analysis of the Finite Element Method. Englewood Cliffs N.Y., Prentice-Hall, 1973.
[6] Thomée, V.: Some Convergence Results for Galerkin Methods for Parabolic Boundary Value Problems, to appear.
[7] Zlámal, M.: Finite Element Multistep Discretizations of Parabolic Problems, to appear in Math.Comp.

Miloš Zlámal, Technical University, Obránců míru 21,
602 00 Brno, Czechoslovakia.